全国医学高等专科学校辅导教材

医学生物化学学习指导

（第3版）

主　编　何旭辉　周爱儒

副主编　倪菊华　刘淑萍　张瑞萍　韦耀东

编　者　（按姓氏笔画排序）

文　程　（大庆医学高等专科学校）

韦耀东　（右江民族医学院）

刘淑萍　（内蒙古医学院）

孙秀玲　（山东医学高等专科学校）

周爱儒　（北京大学医学部）

林雪松　（哈尔滨医科大学）

何旭辉　（大庆医学高等专科学校）

倪菊华　（北京大学医学部）

胡颂恩　（上海医药高等专科学校）

常晓彤　（河北北方学院）

张瑞萍　（河北工程大学）

徐世明　（首都医科大学）

编委会秘书　刘新华（北京大学医学部）

北京大学医学出版社

YIXUE SHENGWUHUAXUE XUEXI ZHIDAO

图书在版编目（CIP）数据

医学生物化学学习指导/何旭辉，周爱儒主编．—3 版．
北京：北京大学医学出版社，2008.3（2015.1 重印）
ISBN 978-7-81116-407-7

Ⅰ．医…　Ⅱ．①何…　②周…　Ⅲ．医用化学：生物化学－医学院校－教学参考资料　Ⅳ．Q5

中国版本图书馆 CIP 数据核字（2008）第 024218 号

医学生物化学学习指导（第 3 版）

主　　编：何旭辉　周爱儒
出版发行：北京大学医学出版社
地　　址：（100191）北京市海淀区学院路 38 号 北京大学医学部院内
电　　话：发行部　010－82802230；图书邮购　010－82802495
网　　址：http：//www. pumpress. com. cn
E － mail：booksale@bjmu. edu. cn
印　　刷：北京地泰德印刷有限公司
经　　销：新华书店
责任编辑：安　林　**责任校对**：金彤文　**责任印制**：张京生
开　　本：787mm×1092mm　1/16　**印张**：12.25　**字数**：310 千字
版　　次：2008 年 4 月第 3 版　2015 年 1 月第 5 次印刷
书　　号：ISBN 978-7-81116-407-7
定　　价：19.50 元

第3版前言

《医学生物化学学习指导》（第1版）自1998年出版以来至今已经10年，其间于2004年再版。第一版和第二版共10多次印刷，印数约达20万册，受到全国各地院校师生们的欢迎和普遍好评。

《医学生物化学》（第3版）主教材已于2008年1月由北京大学医学出版社出版。该版主教材在第2版的基础上，无论在内容或形式上均进行了一些补充和改进。为了帮助读者更好地学习和掌握3版主教材的内容，特将原2版《学习指导》进行相应修订，出版了第3版《学习指导》，使其与主教材相适应。为保持前两版的延续性，本版《学习指导》各章仍包含重点解析、测试题和参考答案三部分，测试题型也与前两版学习指导基本相似，3版主教材中的第19章和第20章均为进展专题，仅供读者参考，不属教学基本要求，在《学习指导》中未列入，故本书共18章。

《医学生物化学学习指导》（第3版）除主要供高等医学专科学校、医学院校各专业使用外，还可供全国广播电视大学医学各专业、自学考试以及医师进修班等参考使用。

本书仍由北京大学医学出版社出版，北京大学医学部和大庆医学高等专科学校联合主编。各章内容分别由《医学生物化学》第3版主教材的相应作者编写。由于我们的水平有限，本书可能存在一些缺点或不足之处，敬请各位读者批评指正。

本书在编写与出版过程中得到北京大学医学出版社领导和编辑的大力支持与协助，特此致谢。

何旭辉　周爱儒

2008年1月

目　录

第一章　蛋白质的结构与功能

重点解析

蛋白质广泛存在于生物界，具有多种多样的生物学功能。蛋白质是生物体内含量最多的高分子化合物，人体内蛋白质含量约占人体干重的45%；人体约有十万种以上不同的蛋白质，是各种生命现象的主要物质基础。组成蛋白质的主要元素有碳、氢、氧、氮、硫等，其中氮的含量比较恒定，平均为16%左右；这是蛋白质元素组成的重要特点，也是蛋白质定量测定的依据；通常只要测定出生物样品中的含氮量，就可用样品中含氮的克数×6.25＝样品中蛋白质的克数来计算蛋白质的含量。

蛋白质是高分子化合物，分子量大、结构复杂、种类繁多，但其水解产物都是氨基酸，所以氨基酸是蛋白质的基本组成单位。组成蛋白质的氨基酸有20种，它们在结构上都有一个共同点，即在α-碳原子上都结合有氨基或亚氨基，都为L型α-氨基酸。根据氨基酸侧链R基团的结构和性质不同可将其分为四类：(1) 非极性疏水性氨基酸；(2) 不带电荷的极性氨基酸；(3) 酸性氨基酸；(4) 碱性氨基酸。所有的氨基酸都含有氨基，又含有羧基，因此属两性电解质，在不同的pH值溶液中，可带不同的电荷。当氨基酸处在某一pH值溶液中时，氨基酸所带的正、负电荷数相等，此时溶液的pH值为该氨基酸的等电点（pI）。不同的氨基酸有各自特定的等电点。氨基酸可与茚三酮、亚硝酸、甲醛、2，4二硝基氟苯、丹磺酰氯等呈颜色反应，此特点可用于氨基酸的定性、定量测定。

氨基酸之间借肽键连接形成多肽链，肽键是蛋白质结构中的基本键。根据多肽链中氨基酸的残基数分别称为二肽、三肽、寡肽或多肽。多肽链是蛋白质分子的最基本结构形式。蛋白质多肽链中的氨基酸按一定排列顺序以肽键相连形成蛋白质的一级结构；维持蛋白质一级结构的化学键是肽键，有些尚含有二硫键。不同蛋白质中氨基酸的种类、数量和排列顺序各不相同，甚至不同种族的同一种蛋白质，其氨基酸组成及排列顺序也不同。蛋白质的一级结构是其高级结构的基础。蛋白质分子中的多肽链经折叠盘曲而具有一定的构象称为蛋白质的高级结构。蛋白质高级结构又可分为二级、三级和四级结构。维持蛋白质高级结构的化学键主要是次级键，有氢键、离子键、疏水键、二硫键以及范德华引力。蛋白质的二级结构是指在一级结构基础上多肽链本身折叠或盘曲所形成的局部空间构象，主要的有α-螺旋和β-片层结构。蛋白质的三级结构是多肽链在二级结构的基础上进一步盘曲、折叠而形成的整体构象。某些蛋白质具有三级结构即可表现生物学活性，三级结构是其分子结构的最高形式。许多蛋白质分子是由两条或两条以上具有独立三级结构的多肽链相互聚合而成的蛋白质分子称为蛋白质的四级结构，其中每一个具有独立三级结构的多肽链称为亚基或亚单位；亚基之间借次级键缔合在一起，形成寡聚体或多聚体；其中每个亚基单独存在时无生物学活性。但并非所有蛋白质分子均具有四级结构形式。

蛋白质分子的结构与功能关系密切。蛋白质的一级结构是其生物学功能的基础，相似的一级结构可以表现相似的生物学活性；即使不同种属来源的同种蛋白质一级结构部分相同，也可表现为相似的生物学活性。蛋白质一级结构不同，其生物学功能不同，各种蛋白质的特定功能是由其特殊的结构决定的，蛋白质的一级结构改变而使生物学功能发生很大的变化。蛋白质的空间结构直接与其生物活性相关，空间结构发生改变，其生物学活性也随之改变。

蛋白质由氨基酸组成，因此其部分理化性质与氨基酸相同，如两性游离和等电点，某些呈色反应等。根据蛋白质的两性游离性质，采用电泳方法可对蛋白质进行分离、纯化、鉴定和分子量的测定。蛋白质又具有高分子化合物的性质，如胶体性质，易沉淀，不易透过半透膜。根据蛋白质的这些性质可用透析法分离蛋白质，利用超速离心法既能分离、纯化蛋白质，又能测定蛋白质分子量。天然蛋白质常以稳定的亲水胶体溶液形式存在，这是由于蛋白质颗粒表面存在水化膜和表面电荷；如除去这两个稳定因素，蛋白质就可发生沉淀。例如调节蛋白质溶液的 pH 到等电点，加入脱水剂去除水化膜。常采用盐析、有机溶剂和某些酸类或重金属离子等都可使蛋白质沉淀。蛋白质加热后可出现凝固。许多理化因素能够破坏稳定蛋白质构象的次级键，从而使其失去天然蛋白质原有的理化性质与生物学活性，使蛋白质变性；变性只是破坏了维持和稳定空间构象的次级键，肽键并未断裂，一级结构没有改变；蛋白质变性可分为可逆变性和不可逆变性。蛋白质变性和沉淀反应的概念不同，但又互相联系。沉淀时可变性，也可不变性；变性可表现为沉淀，也可表现为溶解状态。蛋白质变性的原理具有重要的实用意义，如消毒灭菌，临床检验，制备有蛋白质活性的生物制剂。蛋白质与某些试剂作用可发生颜色反应的特点常用来做蛋白质的定性和定量分析，如双缩脲反应、酚试剂反应等。

测 试 题

一、单项选择题

［在备选答案中只有一个是正确的］

1. 测得某一蛋白质样品的氮含量为 0.40g，此样品约含蛋白质多少 g
   A. 2.00g
   B. 2.50g
   C. 6.40g
   D. 3.00g
   E. 6.25g
2. 下列含有两个羧基的氨基酸是
   A. 精氨酸
   B. 赖氨酸
   C. 甘氨酸
   D. 色氨酸
   E. 谷氨酸
3. 含有疏水侧链的氨基酸有
   A. 色氨酸、精氨酸
   B. 苯丙氨酸、异亮氨酸
   C. 精氨酸、亮氨酸
   D. 天冬氨酸、谷氨酸
   E. 蛋氨酸、组氨酸
4. 组成蛋白质的基本单位是
   A. L-α-氨基酸
   B. D-α-氨基酸
   C. L-β-氨基酸
   D. D-β-氨基酸
   E. L、D-α 氨基酸
5. 蛋白质分子中的主要化学键是
   A. 肽键
   B. 二硫键

C. 酯键
D. 盐键
E. 氢键

6. 关于肽键特点错误的叙述是
A. 肽键中的C—N键长度比相邻的N—C_α单键短
B. 肽键的C—N键具有部分双键性质
C. 与α-碳原子相连的N和C所形成的化学键可以自由旋转
D. 肽键可以自由旋转
E. 肽键中C—N键所相连的四个原子基本处于同一平面上

7. 维持蛋白质二级结构的主要化学键是
A. 盐键
B. 疏水键
C. 肽键
D. 氢键
E. 二硫键

8. 蛋白质分子的β-转角存在于蛋白质的几级结构
A. 一级结构
B. 二级结构
C. 三级结构
D. 四级结构
E. 侧链构象

9. 关于蛋白质分子三级结构的描述，其中错误的是
A. 天然蛋白质分子均有的这种结构
B. 具有三级结构的多肽链都具有生物学活性
C. 三级结构的稳定性主要是次级键维系
D. 亲水基团多聚集在三级结构的表面
E. 决定盘曲折叠的因素是氨基酸残基

10. 具有四级结构的蛋白质的特征是
A. 分子中必定含有辅基
B. 在两条或两条以上具有三级结构多肽链的基础上，肽链进一步折叠，盘曲形成
C. 每条多肽链都具有独立的生物学活性
D. 依赖肽键维系四级结构的稳定性
E. 由两条或两条以上独立具有三级结构的多肽链组成

11. 关于蛋白质的四级结构正确的是
A. 一定有多个相同的亚基
B. 一定有多个不同的亚基
C. 一定有种类相同，而数目不同的亚基数
D. 一定有种类不同，而数目相同的亚基
E. 亚基的种类、数目都不定

12. 蛋白质的一级结构及高级结构决定于
A. 分子中氢键
B. 分子中盐键
C. 氨基酸组成和顺序
D. 分子内部疏水键
E. 亚基

13. 蛋白质所形成的胶体颗粒，在下列哪种条件下不稳定
A. 溶液pH值大于pI
B. 溶液pH值小于pI
C. 溶液pH值等于pI
D. 溶液pH值等于7.4
E. 在水溶液中

14. 蛋白质的等电点是
A. 蛋白质溶液的pH等于7.0时溶液的pH值
B. 蛋白质溶液的pH等于7.4时溶液的pH值
C. 蛋白质分子呈正离子状态时溶液的pH值
D. 蛋白质分子呈负离子状态时溶液的pH值
E. 蛋白质的正电荷与负电荷相等时溶液的pH值

15. 血清白蛋白（pI为4.7）在下列哪种pH值溶液中带正电荷
A. pH4.0

B. pH5.0
C. pH6.0
D. pH7.0
E. pH8.0

16. 蛋白质溶液的稳定因素是
A. 蛋白质溶液有分子扩散现象
B. 蛋白质在溶液中有“布朗运动”
C. 蛋白质分子表面带有水化膜和同种电荷
D. 蛋白质溶液的粘度大
E. 蛋白质分子带有电荷

17. 蛋白质变性是由于
A. 氨基酸排列顺序的改变
B. 氨基酸组成的改变
C. 肽键的断裂
D. 蛋白质空间构象的破坏
E. 蛋白质的水解

18. 变性蛋白质的主要特点是
A. 粘度下降
B. 溶解度增加
C. 不易被蛋白酶水解
D. 生物学活性丧失
E. 容易被盐析出现沉淀

19. 下列哪种因素不能使蛋白质变性
A. 加热震荡
B. 强酸强碱
C. 有机溶剂
D. 重金属盐
E. 盐析

20. 蛋白质变性不包括
A. 氢键断裂
B. 肽键断裂
C. 疏水键断裂
D. 盐键断裂
E. 二硫键断裂

21. 若用重金属沉淀 pI 为 8.0 的蛋白质时，该溶液的 pH 值应为
A. 8.0
B. >8.0
C. <8.0
D. ≤8.0
E. ≥8.0

22. 用某些酸类（苦味酸、钨酸、鞣酸等）沉淀蛋白质的原理是
A. 破坏盐键
B. 中和电荷
C. 断裂氢键
D. 与蛋白质结合成不溶性盐类
E. 调节等电点

23. 下列不属于结合蛋白质的是
A. 核蛋白
B. 糖蛋白
C. 白蛋白
D. 脂蛋白
E. 色蛋白

24. 盐析法沉淀蛋白质的原理是
A. 中和电荷、破坏水化膜
B. 与蛋白质结合成不溶性蛋白盐
C. 降低蛋白质溶液的介电常数
D. 调节蛋白质溶液的等电点
E. 使蛋白质溶液成为 pI

25. 蛋白质分子组成中不含有下列哪种氨基酸
A. 半胱氨酸
B. 蛋氨酸
C. 胱氨酸
D. 丝氨酸
E. 瓜氨酸

26. 组成蛋白质的氨基酸有
A. 10 种
B. 15 种
C. 20 种
D. 25 种
E. 30 种

27. 蛋白质的一级结构是指下面的哪一种情况
A. 氨基酸种类的数量
B. 分子中的各种化学键

C. 多肽链的形态和大小
D. 氨基酸残基的排列顺序
E. 分子中的共价键

二、多项选择题

[在备选答案中有两个或两个以上是正确的，错选或未选全的均不给分]

1. 含硫氨基酸包括
A. 蛋氨酸
B. 苏氨酸
C. 组氨酸
D. 半胱氨酸
E. 丝氨酸

2. 下列哪些是碱性氨基酸
A. 组氨酸
B. 蛋氨酸
C. 精氨酸
D. 赖氨酸
E. 甘氨酸

3. 蛋白质特异的生物学功能主要有
A. 是各种组织的基本组成成分
B. 催化功能
C. 收缩及运动功能
D. 免疫功能
E. 调节功能

4. 组成蛋白质的基本元素主要有
A. 碳
B. 氧
C. 氮
D. 磷
E. 氢

5. 关于组成蛋白质的氨基酸的结构，正确的说法是
A. 在α-碳原子上都结合有氨基或亚氨基
B. 所有的α-碳原子都是不对称碳原子
C. 组成人体的氨基酸除一种外都是L型
D. 脯氨酸是唯一的一种亚氨基酸
E. 不同氨基酸的R基团大部分都相同

6. 芳香族氨基酸是
A. 苯丙氨酸
B. 酪氨酸
C. 色氨酸
D. 脯氨酸
E. 组氨酸

7. 关于肽键与肽的下列描述，哪些是正确的
A. 肽键具有部分双键性质
B. 是核酸分子中的基本结构键
C. 含两个肽键的肽称三肽
D. 肽链水解下来的氨基酸称氨基酸残基
E. 蛋白质的肽链也叫寡肽

8. 下列具有四级结构的蛋白质有
A. 血红蛋白
B. 肌红蛋白
C. 清蛋白
D. 乳酸脱氢酶
E. 免疫球蛋白

9. 关于蛋白质的二级结构，正确的说法是
A. 一种蛋白质分子只存在一种二级结构类型
B. 是多肽链本身折叠盘曲而形成
C. 主要为α-螺旋和β-片层结构
D. 维持二级结构稳定的键是肽键
E. 二级结构类型及含量多少由多肽链的氨基酸组成决定

10. 下列关于α-螺旋，叙述正确的是
A. 螺旋中每3.6个氨基酸残基为一周
B. 为右手螺旋结构
C. 两螺旋之间借二硫键维持其稳定
D. 氨基酸侧链R基团分布在螺旋外侧
E. 酸性氨基酸集中区域有利于螺旋形成

11. 蛋白质的二级结构包括
A. α-螺旋

B. β-片层
C. β-转角
D. 无规则卷曲
E. 双螺旋结构

12. 下列哪些因素影响α-螺旋的形成
A. R基团的大小
B. R基团的形状
C. R基团所带电荷性质
D. 螺旋的旋转方向
E. 带同种电荷的R基团集中区

13. 下列关于β-片层结构的论述哪些是正确的
A. 是一种伸展的肽链结构
B. 肽键平面折叠成锯齿状
C. 也可由两条以上多肽链顺向或逆向平行排列而成
D. 两链间形成离子键以使结构稳定
E. 肽链中氨基酸侧链R基团都伸向锯齿上侧

14. 维持蛋白质三级结构的主要键是
A. 肽键
B. 疏水键
C. 离子键
D. 范德华引力
E. 酯键

15. 肽键平面中能够旋转的键有
A. C═O双键
B. C—N单键
C. N—H单键
D. C_α—N单键
E. C_α—C单键

16. 下列关于血红蛋白的结构规律及特点，叙述正确的是
A. 为一种单纯蛋白质
B. 具有两个α亚基，两个β亚基
C. 每一亚基具有独立的三级结构
D. 亚基之间借非共价键连接
E. 整个分子呈球形

17. 蛋白质高分子溶液的特性包括
A. 粘度大
B. 分子量大，分子对称
C. 不能透过半透膜
D. 扩散速度快
E. 有布朗运动

18. 可作为结合蛋白质辅基的有
A. 核苷酸
B. 金属离子
C. 糖类
D. 激素
E. 维生素B_{12}衍生物

19. 下列哪种蛋白质在pH＝5.0的溶液中带正电荷
A. pI为4.5的蛋白质
B. pI为7.4的蛋白质
C. pI为7.0的蛋白质
D. pI为6.5的蛋白质
E. pI为3.5的蛋白质

20. 使蛋白质沉淀但不变性的方法有
A. 中性盐沉淀蛋白质
B. 鞣酸沉淀蛋白质
C. 低温乙醇沉淀蛋白质
D. 重金属盐沉淀蛋白质
E. 常温乙醇沉淀蛋白质

21. 蛋白质变性后
A. 肽键断裂
B. 一级结构改变
C. 空间结构改变
D. 分子内亲水基团暴露
E. 生物学活性改变

22. 可测定蛋白质分子量的方法有
A. 茚三酮反应
B. 电泳法
C. 超速离心法
D. 双缩脲反应
E. 酚试剂反应

23. 蛋白质沉淀，变性和凝固的关系，下面叙述正确的是
A. 蛋白质沉淀后必然变性

B. 蛋白质凝固后一定会变性
C. 变性蛋白质一定要凝固
D. 变性蛋白质不一定会沉淀
E. 变性就是沉淀，沉淀就是变性

24. 变性蛋白质的特性有
A. 溶解度显著下降
B. 生物学活性丧失
C. 易被蛋白酶水解
D. 凝固或沉淀
E. 表面电荷被中和

25. 蛋白质胶体溶液的稳定因素是
A. 蛋白质颗粒在溶液中进行布朗运动，促使其扩散
B. 蛋白质分子表面有水化膜
C. 蛋白质溶液粘度大
D. 蛋白质分子带有同性电荷
E. 低温

三、填空题

1. 组成蛋白质的主要元素有________、________、________、________。
2. 不同蛋白质的含________量颇为相近，平均含量为________%。
3. 蛋白质分子的基本组成单位是________，除脯氨酸外在其结构上有一共同点，即在其α-碳原子上都结合有________。
4. 氨基酸的种类很多，但构成蛋白质的氨基酸只有________种，根据氨基酸的结构和性质不同可将其分为以下四类________、________、________、________。
5. 蛋白质具有两性电离性质，大多数在酸性溶液中带________电荷，在碱性溶液中带________电荷。当蛋白质处在某一 pH 值溶液中时，它所带的正负电荷数相等，此时的蛋白质成为________，该溶液的 pH 称为该蛋白质的________。
6. 蛋白质的一级结构是指________在蛋白质多肽链中的________。
7. 在蛋白质分子中，一个氨基酸的α-碳原子上的________与另一个氨基酸α-碳原子上的________脱去一分子水形成的键叫________，它是蛋白质分子中的基本结构键。
8. 维持蛋白质一级结构的化学键是________键，而维持蛋白质高级结构的化学键是________键，主要的有________、________、________、________、________。
9. 蛋白质的二级结构是指________本身折叠或盘曲所形成的局部空间构象，主要有________和________结构。
10. 蛋白质颗粒表面的________和________是蛋白质亲水胶体稳定的两个因素。
11. 常用的蛋白质沉淀法有________、________、________、________，其中________和________法沉淀，可保持蛋白质不变性。
12. 蛋白质变性主要是因为破坏了维持和稳定其空间构象的各种________键，使天然蛋白质原有的________与________性质改变。
13. 蛋白质可与某些试剂作用产生颜色反应，这些反应可用来做蛋白质的________和________分析；常用的颜色反应有________、________和________。
14. 按照分子形状分类，蛋白质分子形状的长短轴之比小于 10 的称为________，蛋白质分子形状的长短轴之比大于 10 的称为________。按照组成分分类，分子组成中仅含氨基酸的称________，分子组成中除了蛋白质部分还有非蛋白质部分的称________，其中非蛋白质部分称________。
15. 蛋白质可受________、________或________的作用而水解，最后彻底水解为各种

______的混合物。

16. 蛋白质在电场中的泳动速度不同是由于各种蛋白质所带______和______不同，______也不同。

四、名词解释

1. 肽键
2. 蛋白质的亚基
3. 等电点（pI）
4. 蛋白质的四级结构
5. 蛋白质的变性
6. 蛋白质的沉淀

五、简答题

1. 组成蛋白质的元素有哪几种？哪一种为蛋白质分子中的特征性成分？测其含量有何用途？
2. 何为蛋白质的两性游离？
3. 沉淀蛋白质的方法有哪些？各有何特点？
4. 组成蛋白质的氨基酸只有20种，为什么蛋白质的种类却极其繁多？

六、论述题

1. 何谓蛋白质的一、二、三、四级结构及维持各级结构的键或力是什么？
2. 举例说明蛋白质一级结构与功能的关系，空间结构与功能的关系。
3. 什么是蛋白质的变性作用？举例说明实际工作中应用和避免蛋白质变性的例子。

参考答案

一、单项选择题

1. B	2. E	3. B	4. A	5. A	6. D	7. D	8. B
9. B	10. E	11. E	12. C	13. C	14. E	15. A	16. C
17. D	18. D	19. E	20. B	21. B	22. D	23. C	24. A
25. E	26. C	27. D					

二、多项选择题

1. AD	2. ACD	3. BCDE	4. ABCE	5. ACD	6. ABC
7. AC	8. ADE	9. BCE	10. ABD	11. ABCD	12. ABCE
13. ABC	14. BCD	15. DE	16. BCDE	17. ACE	18. ABC
19. BCD	20. AC	21. CE	22. BC	23. BD	24. ABC
25. BD					

三、填空题

1. 碳 氢 氧 氮

2. 氮　16
3. 氨基酸　氨基
4. 20　非极性疏水性氨基酸　不带电荷的极性氨基酸　酸性氨基酸　碱性氨基酸
5. 正　负　两性离子（兼性离子）　等电点
6. 氨基酸　排列顺序
7. 氨基　羧基　肽键
8. 肽键　次级键　氢键　离子键　疏水键　范德华引力　二硫键
9. 多肽链　α-螺旋　β-片层
10. 电荷层　水化膜
11. 盐析法　有机溶剂沉淀　某些酸类沉淀　重金属盐沉淀　盐析　低温有机溶剂
12. 次级键　物理化学　生物学
13. 定性　定量　茚三酮反应　双缩脲反应　酚试剂反应
14. 球状蛋白质　纤维状蛋白质　单纯蛋白质　结合蛋白质　辅基
15. 酸　碱　酶　氨基酸
16. 电荷性质　数量　分子量大小

四、名词解释题

1. 一个氨基酸α-碳原子上的羧基与另一个氨基酸α-碳原子上的氨基脱去一分子水形成的键叫肽键。
2. 有些蛋白质分子由两条或两条以上具有独立三级结构的多肽链组成后，才能完整地表现出生物学活性，其中每个具有独立三级结构的多肽链单位称为该蛋白质的亚基。
3. 当蛋白质溶液处于某一 pH 值时，其分子解离成正负离子的趋势相等，成为兼性离子，此时该溶液的 pH 值称为该蛋白质的等电点（pI）。
4. 许多蛋白质分子是由两条或两条以上具有独立三级结构的多肽链组成的；这些多肽链之间没有共价键连接，而是借非共价键缔合在一起，蛋白质分子的这种结构形式称为蛋白质分子的四级结构。
5. 在某些理化因素作用下，使蛋白质严格的空间结构受到破坏但不包括肽键的断裂，从而引起蛋白质理化性质的改变及生物学活性的丧失，这种现象称为蛋白质的变性。
6. 分散在溶液中的蛋白质分子发生凝聚，并从溶液中析出的现象，称为蛋白质的沉淀。

五、简答题

1. （1）组成蛋白质的元素主要有碳、氢、氧、氮和硫。
   （2）各种蛋白质含氮量颇为接近，平均为16%左右。
   （3）只要测定出生物样品的含氮量就可推算出近似的蛋白质含量。含氮量的克数×6.25＝样品中蛋白质的克数
2. 蛋白质分子中带有可解离的氨基和羧基，这些基团在不同的 pH 溶液中可解离成正离子（正电荷）或负离子（负电荷），这种性质称蛋白质两性游离。
3. （1）主要方法有：盐析，有机溶剂、某些酸类、重金属盐、加热凝固。
   （2）特点：

① 中性盐破坏蛋白质的水化膜和电荷，采用不同盐浓度可将不同蛋白质分段盐析，盐析不使蛋白质发生变性。

② 有机溶剂可破坏蛋白质的水化膜而使之沉淀，低温下操作可使蛋白质不变性。

③ 某些酸类如钨酸、三氯醋酸等的酸根能与带正电荷的蛋白质结合而沉淀，要求蛋白质溶液 pH 值＜pI，该法使蛋白质变性。

④ 重金属离子 Cu^{2+}、Hg^{2+} 等可与带负电荷的蛋白质结合而沉淀，为此要求蛋白质溶液 pH 值＞pI，该法使蛋白质变性。

⑤ 在等电点时加热蛋白质可形成凝块沉淀，该法使蛋白质变性。

4. 由于氨基酸的种类、数目、比例、排列顺序及组合方式的不同，可构成种类繁多、结构各异的蛋白质。

六、论述题

1. （1）一级结构指氨基酸在蛋白质多肽链中的排列顺序。维持一级结构的键是肽键。
   （2）二级结构指多肽链本身折叠或盘曲所形成的局部空间构象。常见的有 α-螺旋和 β-片层结构。维持二级结构稳定的键主要是氢键。
   （3）三级结构是具有二级结构的多肽链进一步盘曲、折叠所形成的空间结构。维持其稳定的主要有次级键，如氢键、离子键、疏水键、范德华引力等。
   （4）四级结构是指两条或两条以上具有独立三级结构的多肽链缔合在一起的结构形式。维持四级结构稳定的键主要是非共价键。
2. （1）一级结构与功能密切相关。一级结构相似其功能也相似，一级结构不同其功能也不同，一级结构发生改变则蛋白质功能也发生改变。如镰刀状红细胞性贫血患者血红蛋白其 α-链与正常人血红蛋白完全相同，所不同的是 β-链 N 端第六位正常人为谷氨酸而镰刀状红细胞性贫血患者为缬氨酸，造成红细胞带氧能力下降，易溶血。
   （2）空间结构与功能也密切相关。空间结构发生改变，其功能活性也随之改变。如核糖核酸酶，当空间结构遭到破坏，催化活性丧失；当其复性后，结构恢复原状，活性也就恢复。
3. （1）在某些理化因素作用下，蛋白质空间构象受到破坏，使其理化性质改变，生物学活性丧失为蛋白质变性。
   （2）变性是使蛋白质的次级键断裂，不涉及一级结构。
   （3）变性的应用：酒精，加热和紫外线消毒灭菌；钨酸，三氯乙酸沉淀蛋白质，可制备无蛋白血滤液用于化验室检测；热凝法检查尿蛋白。制备或保存酶、疫苗、免疫血清等蛋白质制剂时，应选用不引起变性的沉淀剂，并在低温等适当条件下保存。

（哈尔滨医科大学　林雪松）

第二章　核酸的结构与功能

重 点 解 析

核酸分为DNA和RNA两大类，其基本组成单位是核苷酸，核苷酸之间以磷酸二酯键相连接。DNA是由A、G、C和T四种脱氧核糖核苷酸组成，RNA则由A、G、C和U四种核糖核苷酸组成。DNA是遗传信息的载体，其绝大部分存在于细胞核内；RNA与蛋白质的生物合成密切相关，主要分布在细胞质中。

核酸分子主要由碳、氢、氧、氮和磷等元素组成，含磷量为9%～10%，可通过测定磷含量来估计样品中核酸含量。核酸基本组成单位核苷酸是由碱基、戊糖和磷酸三者所组成。碱基分为嘌呤碱和嘧啶碱两类，戊糖可分为核糖和脱氧核糖。DNA中的碱基和戊糖与RNA的有所不同，DNA分子中主要有A（腺嘌呤）、T（胸腺嘧啶）、G（鸟嘌呤）和C（胞嘧啶）四种碱基，戊糖为脱氧核糖；RNA分子中碱基成分为A、U（尿嘧啶）、G和C，戊糖为核糖。此外，RNA还含有少量稀有碱基。碱基和戊糖通过糖苷键缩合生成核苷。嘌呤和嘧啶可分别形成嘌呤核苷或嘧啶核苷（包括核糖核苷和脱氧核糖核苷，统称为核苷）。核苷与磷酸以磷酯键相连，可形成3′-或5′-核糖核苷酸，脱氧核苷与磷酸则可形成3′-或5′-脱氧核糖核苷酸。在生物体内大量游离存在的多是5′-核苷酸（NMP），其磷酸基上往往可以再连接一分子或两分子磷酸，形成二磷酸核苷（NDP或dNDP）或三磷酸核苷（NTP或dNTP）。这些游离的核苷酸及其衍生物在机体代谢中起着重要作用，如多种三磷酸核苷，特别是ATP是重要的供能物质，4种NTP和dNTP可分别作为合成RNA和DNA的原料，cAMP（环磷酸腺苷）和cGMP（环磷酸鸟苷）则是多种激素作用的第二信使，参与细胞内多种物质代谢的调节；体内还有一些游离核苷酸的衍生物是体内一些重要酶的辅酶，在能量代谢和各种物质代谢中起着重要作用。

DNA分子结构一般分为三级。其一级结构是指DNA分子中的A、G、C、T序列，DNA对遗传信息的贮存正是利用碱基排列方式的变化而实现的。DNA的二级结构多为右手双螺旋结构，两条链呈反向平行走向；双链之间存在A－T和C－G配对规则；碱基平面间的疏水性堆积力和互补碱基间的氢键，是维系双螺旋结构稳定的主要因素。DNA在双螺旋结构的基础上还将进一步折叠成超螺旋结构，并且在组蛋白等的参与下构成核小体，它是染色体的基本单位。由许多核小体形成的串珠状结构又进一步卷曲，形成超螺旋管结构，即染色质纤维。染色质纤维再经几次卷曲才能形成染色单体。DNA的基本功能是决定生物遗传信息复制和基因转录的最终模板。

生物体内的另一大类核酸是RNA，主要参与蛋白质生物合成。RNA为单链结构，链内可因碱基互补配对（A－U，C－G）而回折形成局部双链结构，未参加配对的碱基所形成的单链则形成环状突起，这种结构特点也被称作“发夹结构”。RNA按功能不同分为三类，即信使RNA（mRNA）、转运RNA（tRNA）及核蛋白体RNA（rRNA）。mRNA以DNA为模板合成后转位至胞质，在胞质中作为蛋白质合成的模板；成熟的mRNA的结构特点是含有特殊5′-末端帽和3′-末端的多聚A尾结构；mRNA分子上每3个核苷酸组成称三联体密码（密码子），决定肽链上一个氨基酸，因此其碱基排列顺序决定了由它指导合成的蛋白质多肽链的氨基酸的排列顺序，故它在蛋白质合成中作为模板起传递遗传信息的作用。tRNA的二级结构最具特色，呈三叶草形。其主要功能部位有两个，一是氨基酸臂的3′-末端为-CCA-OH，起特异结合氨基酸作用；二是有一个反密码环，环上有三联的"反密码子"，它与mRNA上相应的密码子反向互补，于是由tRNA携带的氨基酸可被转运到与密码子对应的部位，因此tRNA具有携带转运氨基酸的作用；tRNA的三级结构为倒"L"型，是天然状态下的构象。rRNA不单独存在，它与核蛋白体蛋白共同构成核蛋白体，核蛋白体分为大、小两个亚基，存在于粗面内质网与胞浆中，是细胞合成蛋白质的场所。核蛋白体中的rRNA和蛋白质共同为mRNA、tRNA和肽链合成所需要的多种蛋白因子提供结合位点和相互作用所需要的空间环境。

核酸具有多种重要理化性质，其中核酸的紫外吸收特性被广泛用来对核酸、核苷酸等进行定性定量分析；DNA的变性和复性是核酸最重要的理化性质之一，为核酸分子杂交提供了基础。小RNA中的核酶可催化核酸水解，按底物不同将其分为DNA酶和RNA酶两类；依据酶切部位可分为内切酶和外切酶；限制性内切酶是DNA重组技术中重要的工具酶，具有严格的序列依赖性。

DNA加热变性的本质是双链的解链，并伴有增色效应，使DNA分子达到50%解链时的温度称为熔点或熔解温度（Tm）。热变性的DNA在适当条件下，两条互补链可重新配对而复性。具有互补序列的不同来源的单链核酸分子，在一定条件下按碱基互补原则结合在一起，可形成异源的杂交双链，由此建立的探针技术在基因研究及临床诊断等方面有广泛应用。

测 试 题

一、单项选择题

[在备选答案中只有一个是正确的]

1. 组成核酸的基本结构单位是
   A. 核糖和脱氧核糖
   B. 磷酸和核糖
   C. 含氮碱基
   D. 单核苷酸
   E. 多核苷酸
2. DNA完全水解的产物是
   A. 碱基、脱氧核糖及磷酸
   B. 核苷和磷酸
   C. 单核苷酸、核苷和磷酸
   D. 碱基、核糖和磷酸
   E. 单核苷酸
3. 自然界游离核苷酸中，磷酸最常见是位于
   A. 戊糖的C-5′上
   B. 戊糖的C-2′上
   C. 戊糖的C-3′上
   D. 戊糖的C-2′和C-5′上
   E. 戊糖的C-2′和C-3′上
4. 可用于测量生物样品中核酸含量的元素是
   A. 碳

B. 氢
C. 氧
D. 磷
E. 氮

5. 下列哪种碱基几乎仅存在于 RNA 中
A. 尿嘧啶
B. 腺嘌呤
C. 胞嘧啶
D. 鸟嘌呤
E. 胸腺嘧啶

6. 核酸分子中储存、传递遗传信息的关键部分是
A. 核苷
B. 碱基序列
C. 磷酸戊糖
D. 磷酸二酯键
E. 戊糖磷酸骨架

7. 核酸对紫外线的最大吸收峰在哪一波长附近
A. 280nm
B. 260nm
C. 200nm
D. 340nm
E. 220nm

8. 核酸具有紫外吸收能力的原因是
A. 嘌呤和嘧啶中有氮原子
B. 嘌呤和嘧啶中有硫原子
C. 嘌呤和嘧啶连接了磷酸基团
D. 嘌呤和嘧啶环中有共轭双键
E. 嘌呤和嘧啶连接核糖

9. 含有稀有碱基比例较多的核酸是
A. 胞核 DNA
B. 线粒体 DNA
C. tRNA
D. mRNA
E. rRNA

10. 有关 tRNA 分子的正确解释是
A. tRNA 的功能主要在于结合蛋白质合成所需要的各种辅助因子
B. tRNA 分子多数由 80 个左右的氨基酸组成
C. tRNA3′-末端有氨基酸臂
D. tRNA 的 5′-末端有多聚腺苷酸结构
E. 反密码环中的反密码子的作用是结合 DNA 中相互补的碱基

11. DNA 与 RNA 完全水解后，其产物的特点是
A. 核糖不同，部分碱基不同
B. 核糖不同，碱基相同
C. 核糖相同，碱基不同
D. 核糖相同，碱基部分相同
E. 磷酸核糖不同，稀有碱基种类含量相同

12. 关于 DNA 的二级结构，下列说法哪种是错误的
A. DNA 二圾结构是双螺旋结构
B. 双螺旋结构中碱基之间相互配对
C. 双螺旋结构中两条碳链方向相同
D. 磷酸与脱氧核糖组成了双螺旋的骨架
E. 双螺旋内侧碱基之间借氢键相连

13. DNA 变性是指
A. DNA 分子由超螺旋降解至双链双螺旋
B. 分子中磷酸二酯键断裂
C. 多核苷酸链解聚
D. DNA 分子中碱基水解
E. 互补碱基之间氢键断裂

14. DNA 的二级结构是
A. α-螺旋
B. β-片层
C. 无规卷曲
D. 超螺旋结构
E. 双螺旋结构

15. 关于 tRNA 的叙述哪一项是错误的
A. tRNA 二级结构呈三叶草形
B. tRNA 分子中含有稀有碱基
C. tRNA 的二级结构有二氢尿嘧啶环

D. 反密码环上有 CCA 三个碱基组成反密码子
E. tRNA 分子中有一个辐外环

16. 有关 RNA 的描写哪项是错误的
A. mRNA 分子中含有遗传密码
B. tRNA 是分子量最小的一种 RNA
C. 胞浆中只有 mRNA
D. 由四种 NTP 组成
E. 组成核糖体的主要是 rRNA

17. 关于碱基配对，下列哪项是错误的
A. DNA 分子中嘌呤与嘧啶比值相等
B. A 与 T（U），G 与 C 相配对
C. A 与 T 之间有两个氢键
D. G 与 C 之间有三个氢键
E. A－G、C－T 相配对

18. DNA 变性伴有的特点是
A. 是循序渐进的过程
B. 变性是不可逆的
C. 溶液粘度降低
D. 形成三股链螺旋
E. 260nm 波长处的光吸收降低

19. 大部分真核细胞 mRNA 的 3′末端都具有
A. 多聚 A
B. 多聚 U
C. 多聚 T
D. 多聚 C
E. 多聚 G

20. 有关 DNA 热变性后复性的正确说法是
A. 37℃为最适温度
B. 4℃为最适温度
C. 热变性后迅速冷却可以加速复性
D. 又叫退火
E. 25℃为最适温度

21. 真核细胞的 DNA 主要存在于
A. 线粒体
B. 核染色体
C. 粗面内质网
D. 溶酶体
E. 胞浆

22. 维持 DNA 双螺旋横向稳定性的力是
A. 碱基堆积力
B. 碱基对之间的氢键
C. 螺旋内侧疏水力
D. 二硫键
E. 磷酸二酯键

23. 关于 tRNA 分子的叙述，哪项是错误的
A. 在 RNA 中它是最小的单链分子
B. tRNA 的二级结构通常为三叶草形
C. 在 RNA 中 tRNA 含稀有碱基最多
D. 它可在二级结构基础上进一步盘曲为倒“L”形的三级结构
E. 5′-末端为 C－C－A

24. 核酸变性后会出现下列哪种现象
A. 减色效应
B. 增色效应
C. 浮力密度下降
D. 粘度增加
E. 最大吸收峰发生改变

25. 下列哪种碱基几乎仅存在于 DNA 中
A. 腺嘌呤
B. 鸟嘌呤
C. 胞嘧啶
D. 尿嘧啶
E. 胸腺嘧啶

26. 某 DNA 分子中腺嘌呤的含量为 15%，则胞嘧啶的含量应为
A. 15%
B. 30%
C. 40%
D. 35%
E. 7%

27. 组成核小体的主要组分是
A. RNA 和非组蛋白
B. RNA 和组蛋白
C. DNA 和非组蛋白
D. DNA 和组蛋白
E. rRNA 和组蛋白

28. 以下哪一点不能用来区别 DNA 和 RNA
A. 碱基不同
B. 戊糖不同
C. 含磷量不同
D. 功能不同
E. 在细胞内分布部位不同

二、多项选择题

[在备选答案中有两个或两个以上是正确的，错选或未选全的均不给分]

1. 关于 DNA 分子中的碱基组成，下列哪些是正确的
A. A+C=G+T
B. C=G
C. A=T
D. C+G=A+T
E. A=G

2. 有关 RNA 叙述正确的是
A. 为核糖核酸
B. 主要分布在胞液中
C. 主要与蛋白质合成有关
D. 是遗传消息的贮存者
E. 主要分布在胞核中

3. 真核细胞 DNA 主要存在于
A. 高尔基体
B. 粗面内质网
C. 线粒体
D. 染色体
E. 溶酶体

4. 存在于 DNA 分子中的脱氧核糖核苷酸是
A. dAMP
B. dUMP
C. dGMP
D. dCMP
E. dTMP

5. 有关 ATP 的叙述是
A. ATP 含有 2 个磷酸酯键
B. 是体内贮能的一种方式
C. ATP 含有 2 个高能硫酯键
D. ATP 含有 2 个高能磷酯键
E. ATP 可以游离存在

6. 关于 tRNA 正确的叙述是
A. 分子中含有稀有碱基
B. 空间结构中含有密码环
C. 是细胞内含量最多的一种 RNA
D. 主要存在于胞液中
E. 每种 tRNA 可携带与其相对应的氨基酸

7. DNA 与下列哪些重要的生命活动有关
A. 复制
B. 转录
C. 重组
D. 逆转录
E. 损伤后修复

8. 有关 cAMP 的叙述是
A. cAMP 是环化的单核苷酸
B. cAMP 是由 ADP 在酶催化下生成的
C. cAMP 是激素作用的第二信使
D. cAMP 是 2′，5′-环化腺苷酸
E. cAMP 是体内的一种供能物质

9. DNA 水解后得到下列哪些最终产物
A. 磷酸
B. 核糖
C. 腺嘌呤、鸟嘌呤
D. 胞嘧啶、尿嘧啶
E. 胞嘧啶、胸腺嘧啶

10. 关于 DNA 的碱基组成，正确的说法是
A. 腺嘌呤与鸟嘌呤分子数相等，胞嘧啶与胸腺嘧啶分子数相等
B. 不同种属 DNA 碱基组成比例不同
C. 同一生物体的不同器官 DNA 碱基组成不同
D. 年龄增长但 DNA 碱基组成不变
E. 环境改变可直接影响个体的 DNA 碱基组成

11. 维持 DNA 双螺旋结构稳定的因素有

A. 分子中的磷酸二酯键
B. 配对碱基之间的氢键
C. 碱基堆积力
D. 骨架上磷酸之间的负电斥力
E. 右手螺旋方式

12. DNA 二级结构特点有
A. 两条多核苷酸链反向平行围绕同一中心轴构成双螺旋
B. 以 A-T、G-C 方式形成碱基配对
C. 双链均为右手螺旋
D. 链状骨架由脱氧核糖和磷酸组成
E. 螺旋每旋转一周含 3.6 个碱基对

13. tRNA 分子二级结构的特征是
A. 3′-端有多聚 A
B. 5′-端有 polyA
C. 有密码环
D. 有氨基酸臂
E. 有二氢尿嘧啶环

14. DNA 变性时发生的变化是
A. 链间氢键断裂，双螺旋结构破坏
B. 高色效应
C. 粘度增加
D. 沉降速度增加
E. 共价键断裂

15. 蛋白质变性和 DNA 变性的共同点是
A. 生物学活性丧失
B. 易回复天然状态
C. 氢键断裂
D. 结构松散
E. 形成超螺旋结构

16. DNA 和 RNA 的区别是
A. 碱基不同
B. 戊糖不同
C. 在细胞内分布部位不同
D. 功能不同
E. 含磷量不同

17. 核酸的结构特性有
A. 分子具有极性
B. 一个 5′-磷酸末端
C. 一个 3′-羟基末端
D. 磷酸戊糖组成骨架
E. 核苷酸残基之间以 2′，5′-磷酸二酯键相连

18. 直接参与蛋白质生物合成的 RNA 是
A. rRNA
B. hnRNA
C. mRNA
D. tRNA
E. snmRNA

19. mRNA 的特点有
A. 分子大小不均一
B. 有 3′-多聚腺苷酸尾
C. 有编码区
D. 有 5′-C-C-A 结构
E. 有三叶草形结构

20. Tm 是表示 DNA 的
A. 最适温度
B. 水解温度
C. 复性温度
D. 变性温度
E. 解链温度

21. 影响 Tm 值的因素有
A. 一定条件下核酸分子越长 Tm 值越大
B. DNA 中 G、C 含量高，则 Tm 增高
C. 溶液离子强度高，则 Tm 增高
D. DNA 中 A、T 含量高，则 Tm 值高
E. 溶液的酸度

22. DNA 分子杂交的基础是
A. DNA 变性后在一定条件下可复性
B. DNA 的粘度大
C. 不同来源的 DNA 链某些区域能建立碱基配对
D. DNA 变性双链解开后，在一定条件下可重新聚合
E. DNA 的刚性与柔性

23. 真核生物中核糖体上 rRNA 有
A. 5 S

B. 18 S
C. 23 S
D. 28 S
E. 5.8S

24. 下列关于 tRNA 的叙述哪些是正确的
A. 含有黄嘌呤核苷酸
B. 含有二氢尿嘧啶核苷酸
C. 含有脱氧胸腺嘧啶核苷酸
D. 含有假尿嘧啶核苷酸
E. 含有脱氧胞嘧啶核苷酸

25. 表示核酸分子大小的单位有
A. 260nm 紫外吸收
B. 碱基数目
C. 含氮量
D. 沉降系数（S）
E. 氨基酸数目

26. 有关核酸复性的正确叙述为
A. 复性的最佳温度为 Tm－25℃
B. 不同的 DNA 分子变性后，在合适温度下都可复性
C. 热变性后相同的 DNA 经缓慢冷却后可复性
D. DNA 的复性过程也称作退火
E. 原来的分子长度缩短

三、填空题

1. 核酸可分为________和________两大类，其中________主要存在于细胞核中，而________主要存在于胞浆中。
2. 核酸完全的水解产物是________、________和________。其中________又可分为________碱和________碱。
3. 体内的嘌呤碱主要有________和________；嘧啶碱主要有________、________和________。某些 RNA 分子中还含有微量的其他碱基，称为________。
4. 嘌呤环上的第________位氮原子与戊糖的第________位碳原子相连形成________键，通过这种键相连而成的化合物叫________。
5. 嘧啶环上的第________位氮原子与戊糖的第________位碳原子相连形成________键，通过这种键相连而成的化合物叫________。
6. 核酸的基本组成单位是________，它们之间是通过________键相连接的。
7. 体内两种主要的环核苷酸是________和________。
8. 写出下列核苷酸符号的中文名称：ATP ________，dCDP ________。
9. 因为核酸分子中含有________碱和________碱，而这两类物质又均具有________结构，故使核酸对________波长的紫外线有吸收作用。
10. DNA 二级结构的重要特点是形成________结构，此结构的内部是由________通过________相连而成。
11. DNA 双螺旋结构中 A、T 之间有________个________键，而 G、C 之间有________个________键。
12. 常见的 RNA 可分为三类，即________、________和________。
13. RNA 大多数是以单股________的形式存在，但也可局部盘曲形成________结构，典型的 tRNA 结构是________结构。
14. tRNA 的三叶草形结构中有________环、________环、________环及________环，还有________。
15. tRNA 的三叶草形结构中，其中氨基酸臂的功能是________，反密码环的功能

是________。

16. DNA 变性后，刚性减弱，粘度________，紫外吸收________。

17. 维持 DNA 双螺旋结构的力，主要有________和________。

18. 一个线形 DNA 分子，其长度为 340nm，则其含有的碱基对数为________。

四、名词解释

1. DNA 的一级结构
2. 碱基配对
3. 核酸的变性
4. 复性
5. 增色效应
6. 核酸杂交
7. Tm 值

五、简答题

1. 比较 DNA 和 RNA 在化学组成上的异同点。
2. 简述 DNA 的二级结构及其特点。
3. 简述核酸分子杂交技术的基本原理及其在基因诊断中的应用。
4. 简述 RNA 的主要类别与功能。

六、论述题

1. 试从以下几个方面对蛋白质与 DNA 进行比较

   (1) 一级结构

   (2) 空间结构

   (3) 主要的生理功能
2. 什么是解链温度？影响某种核酸分子 Tm 值大小的因素是什么？为什么？
3. tRNA 的一级结构和二级结构有何特点？这种结构特点与其功能有什么关系？

参考答案

一、单项选择题

1. D	2. A	3. A	4. D	5. A	6. B	7. B	8. D
9. C	10. C	11. A	12. C	13. E	14. E	15. D	16. C
17. E	18. C	19. A	20. D	21. B	22. B	23. E	24. B
25. E	26. D	27. D	28. C				

二、多项选择题

1. ABC	2. ABC	3. CD	4. ACDE	5. BDE	6. ADE
7. ABCDE	8. AC	9. ACE	10. BD	11. BC	12. ABCD
13. DE	14. ABD	15. ACD	16. ABCD	17. ABCD	18. ACD
19. ABC	20. DE	21. ABC	22. ACD	23. ABDE	24. BD

25. BD　　26. ACD

三、填空题

1. 脱氧核糖核酸（DNA）　核糖核酸（RNA）　脱氧核糖核酸　核糖核酸
2. 磷酸　含氮碱　戊糖　含氮碱　嘌呤　嘧啶
3. 腺嘌呤　鸟嘌呤　胞嘧啶　尿嘧啶　胸腺嘧啶　稀有碱基
4. 9　1　糖苷键　嘌呤核苷
5. 1　1　糖苷键　嘧啶核苷
6. 单核苷酸　3′，5′-磷酸二酯键
7. cAMP　cGMP
8. 三磷酸腺苷　脱氧二磷酸胞苷
9. 嘌呤　嘧啶　共轭双键　260nm
10. 双螺旋　含氮碱　氢键
11. 2　氢　3　氢
12. tRNA　rRNA　mRNA
13. 多核苷酸链　双螺旋　三叶草
14. 二氢尿嘧啶　反密码　TψC　额外　氨基酸臂
15. 与氨基酸结合　辨认密码子
16. 降低　增加
17. 氢键　碱基堆积力（或范德华引力）
18. 1000

四、名词解释

1. 在多核苷酸链中，脱氧核糖核苷酸的连接方式，数量和排列顺序称为 DNA 的一级结构。
2. 两条链的碱基之间可以以氢键相结合，由于碱基结构的不同，其形成氢键的能力不同，因此产生了固有的配对方式，即 A－T 配对，形成两个氢键；G－C 配对，形成三个氢键。RNA 中则 A－U 配对。这种配对关系也称为碱基互补。
3. 在某些理化因素作用下，核酸分子中的氢键断裂，双螺旋结构松散分开，理化性质改变及失去原有的生物学活性即称为核酸的变性。
4. 热变性的 DNA 溶液经缓慢冷却，可使原来两条彼此分离的链重新缔合，重新形成双链双螺旋结构，这个过程称为复性。
5. 核酸变性时，由于原堆积于双螺旋内部的碱基暴露，对 260nm 紫外吸收增加，并与解链程度相关，这种关系称为增色效应。
6. 不同来源的核酸变性后，合并在一处进行复性。只要这些核酸分子的核苷酸序列中含有可以形成碱基互补配对的片段，则彼此之间可形成局部双链，即所谓的杂化双链，这个过程称为杂交。
7. 核酸在加热变性过程中，紫外光吸收值达到最大值的 50％时的温度称为核酸的解链温度或变性温度，用 Tm 表示。

五、简答题

1.

核酸种类	组成成分				基本组成单位
	碱基		戊糖	磷酸	
DNA	A、G	C、T	脱氧核糖	Pi	dNTP
RNA	A、G	C、U	核糖	Pi	NTP

2. DNA 分子的二级结构——双螺旋结构

DNA 是右手双螺旋结构，两条链呈反向平行走向；双链之间存在 A－T 和 C－G 配对规则；碱基平面间的疏水性堆积力和互补碱基间的氢键，是维系双螺旋结构稳定的主要因素。

3. (1) 核酸分子杂交技术是以核酸的变性与复性为基础的。不同来源的核酸变性后合并在一起进行复性，只要这些核苷酸分子中含有可形成碱基互补配对的片段，则彼此形成杂化双链，这个过程为分子杂交。

(2) 应用被标记已知碱基序列的单链核酸分子作为探针，在一定条件下与待测样品 DNA 单链进行杂交，可检测出待测 DNA 分子中是否含有与探针同源的碱基序列。应用此原理可用于细菌、病毒、肿瘤和分子病的诊断，俗称基因诊断。

4. RNA 的功能是参与遗传信息的传递与表达，主要存在于细胞液。RNA 根据在蛋白质生物合成中的作用可分三类：

信使 RNA（mRNA）：以 DNA 为模板合成后转位至胞质，在胞质中作为蛋白质合成的模板。

转运 RNA（tRNA）：在细胞蛋白质合成过程中，作为各种氨基酸的运载体并将其转呈给 mRNA。

核蛋白体 RNA（rRNA）：rRNA 与核蛋白体蛋白共同构成核蛋白体，核蛋白体是细胞合成蛋白质的场所。

六、论述题

1. (1) 一级结构：蛋白质的一级结构指氨基酸在多肽链中按一定顺序排列，以肽键相连的链式结构，DNA 的一级结构指脱氧核糖核苷酸在多核苷酸链中按一定顺序排列，以 3′，5′-磷酸二酯键相连的链式结构。

(2) 空间结构：蛋白质二级结构指多肽链本身折叠、盘曲所形成的空间构象，典型的有 α-螺旋和 β-片层结构；三级结构是指在二级结构基础上进一步盘曲，折叠形成的空间结构；由两条或两条以上具有三级结构的多肽链借次级键缔合为蛋白质的四级结构。DNA 的二级结构为双链双螺旋结构；三级结构为超螺旋结构。

(3) 生理功能：蛋白质是生命活动的物质基础，是各种组织的基本组成成分。有许多特殊功能，例如催化功能（酶），调节功能（蛋白多肽类激素），收缩及运动功能（肌动（球）蛋白），运输及储存功能（血红蛋白），保护及免疫功能（凝血酶原和免疫球蛋白)。DNA是遗传信息的携带者，可将遗传信息复制、转录，并指导蛋白质的生物合成，DNA决定生物体的遗传特征。

2. (1) 核酸在加热变性过程中，紫外光吸收值达到最大值的50%时的温度为核酸的解链温度。

(2) Tm值大小与G-C含量多少有关，G-C含量高，Tm值也高；与核酸分子长度有关，核酸分子越长，Tm值越高。

(3) 原因是G-C间含三个氢键，A-T间含两个氢键，故G-C较A-T稳固；核酸分子长度越长，解链时所需能量则越高，故Tm值大。

3. tRNA的一级结构都由70～90个核苷酸构成，分子中富含稀有碱基。tRNA的5′-末端大多数为pG，而3′-末端都是CCA，CCA-OH是tRNA携带与转运的氨基酸结合部位。tRNA二级结构为三叶草形，含4个局部互补配对的双链区，形成发夹结构或茎-环，左右两环根据其含有的稀有碱基，分别称为DHU环和TψC环，位于下方的环称反密码环。反密码环中间的3个碱基称为反密码子，可与mRNA上相应的三联体密码子碱基互补，使携带特异氨基酸的tRNA，依据其特异的反密码子来识别结合mRNA上相应的密码子，引导氨基酸正确地定位在合成的肽链上。

(上海医药高等专科学校　胡颂恩)

第三章　酶　学

重点解析

酶是由活细胞产生，能在体内外对其底物起同样高效特异催化作用的一类生物催化剂，其化学本质是蛋白质。核酶和脱氧核酶是新发现的具有高效特异催化作用的化学本质为核酸的另一类生物催化剂。酶的催化特点：酶具有极高的催化效率；高度特异性；酶活性的可调控性和高度不稳定性。酶的特异性是指一种酶只能催化一种或一类化合物，或一定的化学键，生成一定的产物，包括：① 绝对特异性：酶只能作用于一种特定的底物，进行一种反应，产生特定的产物。如脲酶只能催化尿素水解而不能催化甲基尿素的水解。② 相对特异性：酶可以作用于一类化合物或一种化学键。如蔗糖酶不仅水解蔗糖，也水解棉子糖中的同一种糖苷键。③ 立体异构特异性：酶仅作用于底物的一种立体异构体。如乳酸脱氢酶只能作用于L-乳酸转变成丙酮酸，而对D-乳酸不起催化作用。

酶按其分子组成可分为单纯蛋白酶和结合蛋白酶（全酶）两类。前者酶分子全部由氨基酸组成，如蛋白酶、脂肪酶、淀粉酶等。结合蛋白酶分子组成除含蛋白质部分（称酶蛋白）外，还含有非蛋白质部分（称辅助因子）；辅助因子根据与酶蛋白结合的牢固程度不同又可分为辅基（结合牢固）和辅酶（结合疏松）。辅助因子由金属离子、B族维生素衍生物等组成，如尼克酰胺（PP）、核黄素（B_2）、硫胺素（B_1）、泛酸、叶酸、维生素B_6、生物素和钴胺素（B_{12}），组成的辅酶分别为NAD^+、$NADP^+$；FAD、FMN；TPP；辅酶A；四氢叶酸（FH_4）；磷酸吡哆胺、磷酸吡哆醛；生物素；5-脱氧腺苷钴胺素和甲基钴胺素。酶蛋白与辅酶（辅基）的关系是：一种酶蛋白只能与一种辅酶（辅基）结合生成一种全酶，催化一种反应，而一种辅酶（辅基）可与多种酶蛋白结合生成不同全酶，催化不同的反应。酶蛋白决定反应特异性，辅酶决定反应的种类和性质。只有全酶才具有催化活性，酶蛋白与辅酶单独存在时均无活性。

与酶活性密切相关的基团，称酶活性必需基团。常见的必需基团有丝氨酸的羟基、半胱氨酸的巯基、组氨酸的咪唑基以及谷氨酸和天冬氨酸的侧链羧基等。必需基团比较集中，形成一定空间构象，能与底物特异结合并将其转化为产物的区域称为酶的活性中心。辅酶或辅基是酶活性中心的一部分。活性中心的必需基团分为催化基团和结合基团，结合基团与底物结合，催化基团能够影响底物中某些化学键的稳定性，催化底物转变成产物。

酶原是细胞内合成或初分泌时，无活性的酶的前身物。酶原在一定条件被激活成有活性的酶，称为酶原的激活。酶原激活的生理意义是避免分泌酶原的组织受酶的自身催化和便于酶原运输到特定部位发挥作用。

催化相同的化学反应，而酶蛋白分子结构、理化性质和免疫学性质不同的一组酶称为同工酶。同工酶的存在是组织代谢特点之一。大多数同工酶是由不同亚基组成的聚合体，因其亚基种类、数目或比例不同，决定了同工酶在分子结构、理化性质和免疫学性质上的差异。

例如乳酸脱氢酶（LDH）是一种由 H-型和（或）M-型两种亚基组成的四聚体，可组成 5 种不同的同工酶，即 LDH_1（H_4），LDH_2（H_3M），LDH_3（H_2M_2），LDH_4（HM_3）和 LDH_5（M_4），这 5 种同工酶都催化同一反应，但有器官特异性，现已用于临床诊断。除同工酶外，还存在一类别构酶（变构酶），其共同特点是在酶活性中心之外尚含有调节亚基（调节部位），当这些亚基与小分子的变构剂（底物，代谢物）以非共价键结合后，使酶的空间构象发生改变，从而影响酶的活性，此现象称别构（变构）效应。受变构剂调节的酶称别构（变构）酶。酶蛋白肽链上的一些基团在另一种酶的催化下可与某种化学基团发生可逆的共价结合，从而引起酶活性改变，这种调节方式称为酶的共价修饰或化学修饰。变构调节和共价修饰是体内快速调节酶活性的重要方式。

酶促反应动力学研究的是各种因素对酶促反应速度的影响及其反应规律。影响酶促反应速度的因素有酶浓度、温度、pH、底物浓度、激动剂及抑制剂等，在讨论某一因素影响时，其他因素均处于不变状态。作用物浓度对酶促反应速度的影响可用米氏方程来表示，即：

$$V=\frac{Vm\cdot[S]}{Km+[S]}$$

V 表示反应初速度，Vm 为最大速度，[S] 为作用物浓度，Km 为米氏常数。Km 值是酶学研究中一个重要特征性常数，有着重要意义。Km 值是当反应速度为最大速度一半时的底物浓度；它表示酶与底物的亲和力，Km 值愈大亲和力愈小，反之 Km 值愈小亲和力愈大；在一个连续酶促反应中，若能确定各种酶催化反应底物的 Km 值及相应的底物浓度时，其中 Km 值最大的一步酶促反应是该连续反应中的限速反应，该酶为限速酶（关键酶）；若一种酶能催化几个底物时，其中 Km 值最小的那个作用物是酶的最适底物。

凡能使酶活性下降但又不使其变性的物质称酶的抑制剂，通常将抑制剂引起的抑制作用分成不可逆性抑制作用和可逆性抑制作用两大类。不可逆性抑制作用是指抑制剂与酶分子的某些基团以共价键方式结合，使酶失去活性。这类抑制剂不能被一般物理方法除去，但能用某些药物来解除这种结合，而使酶恢复活性。如重金属离子可与含有巯基的酶结合而使酶失活，可用二巯基丙醇或其他药物进行解毒治疗。有机磷杀虫剂能特异地作用于酶活性中心中丝氨酸残基上的羟基而使酶（乙酰胆碱酯酶）失活，此时可用解磷定来解除有机磷杀虫剂对酶的抑制作用。另一类是可逆性抑制作用，是指抑制剂与酶以非共价键结合，两者结合比较松散，可用一般物理方法来除去抑制剂，使酶的活性恢复。这类抑制作用又分成竞争性抑制作用、非竞争性抑制作用和反竞争性抑制作用三类。① 竞争性抑制作用的特点：抑制剂与底物结构相似，共同竞争酶的活性中心，其抑制作用的强弱（大小）取决于抑制剂与酶的相对亲和力以及两者的相对浓度。增加底物浓度，可减轻乃至解除抑制作用。竞争性抑制作用在米—曼方程中的结果是 Vm 不变，Km 值增加。竞争性抑制在临床治疗中十分有用，如 5-氟尿嘧啶（5-FU），6-巯基嘌呤（6-MP）和磺胺类药物均是相关酶的竞争性抑制剂。② 非竞争性抑制作用的特点：抑制剂与酶底物在结构上不相似，抑制剂并不妨碍底物与酶分子结合，而是与酶分子其他部位结合，结果是 Vm 降低，而 Km 值不变。③ 反竞争性抑制作用的特点：抑制剂不与酶分子结合，而是与酶-底物复合物结合，使酶失去活性，结果是 Vm 降低，Km 值降低。

酶与医学的关系反映在酶与疾病发生、疾病诊断和治疗等方面，临床上有些疾病是由于酶的质和量异常或酶活性受抑制所致。如白化病是体内缺乏酪氨酸酶，不能将酪氨酸转变成黑色素，使皮肤、毛发中缺乏黑色素而呈白色。苯丙氨酸羟化酶缺乏引起苯丙酮酸尿症。维生素 K 缺乏时影响凝血酶原的合成，引起病人凝血时间延长。测定血液、尿液样品中酶活性的改变，可以反映某些疾病的发生和发展，有利于临床诊断和对预后的判断。甲胎蛋白（AFP）可协助诊断胎儿神经管发育缺陷；血和尿中淀粉酶的活性可作为急性胰腺炎鉴别诊断的依据；血清转氨酶活性是肝细胞损伤的敏感指标。某些酶可作为治疗的药物。酶在医学和生物科学研究中有广阔的开发应用前景。

测 试 题

一、单项选择题

［在备选答案中只有一个是正确的］

1. 下列对酶的叙述，哪一项是正确的
   A. 酶本质是蛋白质，即所有的蛋白质都是酶
   B. 所有的酶均有辅酶或辅基
   C. 酶由活细胞产生，在体内或试管内均有催化效力
   D. 温度越高酶促反应速度越快
   E. 酶能加速改变反应的平衡常数
2. 寡聚酶是
   A. 由一条多肽链组成的酶
   B. 由一条多肽链组成的具有多种不同催化功能的酶
   C. 由蛋白质非蛋白质部分组成的酶
   D. 具有四级结构的酶
   E. 由几种催化相关反应的不同酶组成的聚合体
3. 结合酶在下列哪种情况下才有活性
   A. 酶蛋白单独存在
   B. 辅酶单独存在
   C. 亚基单独存在
   D. 全酶形式存在
   E. 有激活剂存在
4. 有关核酶的正确描述为
   A. 核酶的化学本质是蛋白质
   B. 核酶的化学本质是 RNA
   C. 核酶的化学本质是 DNA
   D. 核酶的水解产物是氨基酸
   E. 核酶的水解产物是脱氧核糖核苷酸
5. 全酶是指
   A. 酶与底物结合的复合物
   B. 酶与抑制剂结合的复合物
   C. 酶与变构剂结合的复合物
   D. 酶的无活性前体
   E. 酶与辅助因子结合的复合物
6. 酶的辅酶是
   A. 经透析不能与酶蛋白分开者
   B. 与酶蛋白结合较牢固的金属离子
   C. 与酶蛋白质结合牢固的 B 族维生素衍生物
   D. 在反应中传递电子、质子或转移一些基团
   E. 与酶蛋白共价结合成寡聚酶
7. 转氨酶的辅酶含有下列哪种维生素
   A. $VitB_1$
   B. $VitB_2$
   C. VitPP
   D. $Vit\ B_6$
   E. $Vit\ B_{12}$
8. 生物素缺乏时，影响下列哪一个酶的活性
   A. 丙酮酸脱氢酶
   B. 丙酮酸激酶

C. 苹果酸酶
D. 丙酮酸羧化酶
E. 苹果酸脱氢酶

9. 作为辅助因子的金属离子不起作用的是
A. 作为活性中心的催化基团，参与催化反应
B. 作为抑制剂，使酶促反应速度减慢
C. 作为连接酶与底物的桥梁，便于酶作用
D. 稳定酶的空间构象所必需
E. 中和阴离子，减少静电斥力

10. FH_4是哪一种酶的辅酶
A. 一碳单位转移酶
B. 酰基转移酶
C. HMGCoA 合成酶
D. 转氨酶
E. 转酮基酶

11. 关于酶活性中心的描述，哪项是错误的
A. 酶的活性中心外的必需基团是维持酶空间构象所必需
B. 酶原激活是形成酶的活性中心过程
C. 酶的活性中心是由一级结构上相互邻近的基团组成的
D. 当底物与酶分子相接近时，可引起酶活性中心构象改变
E. 活性中心是有一定空间的构象，能与底物特异结合的区域

12. 酶催化效率高的原因是
A. 降低反应活化能
B. 升高反应活化能
C. 减少反应的自由能
D. 降低底物的能量水平
E. 升高产物的能量水平

13. 酶加热变性后其活性丧失是由于
A. 酶失去了辅酶
B. 酶蛋白沉淀析出
C. 酶的一切结构受到破坏
D. 酶的空间结构受到破坏
E. 酶失去了激活剂

14. 酶对底物有特异性的原因是
A. 酶好似一把钥匙与底物匹配
B. 底物好比一把锁，与酶完全匹配
C. 酶与底物接近时，仅酶诱导底物变形
D. 酶与底物之间邻近效应和定向排列
E. 酶与底物接近时，其结构相互诱导、相互变形和相互适应

15. 酶诱导契合学说是指
A. 酶原激活机制
B. 变构酶激活机制
C. 抑制剂诱导酶改变构象
D. 底物与酶相互诱导改变构象，相互适应
E. 产物诱导酶改变构象，使其适应产物

16. 乳酸脱氢酶经加热后，其活性大大降低或消失，这是因为
A. 亚基解聚
B. 失去辅酶
C. 酶蛋白变性
D. 酶蛋白与辅酶单独存在
E. 辅酶失去活性

17. 下列哪一个不是酶促反应的机制
A. 邻近效应和定向排列
B. 协同效应
C. 酸碱催化
D. 共价催化
E. 表面效应

18. 酶促反应动力学研究的是
A. 编码酶的碱基序列
B. 酶的氨基酸排列顺序
C. 酶的作用机制
D. 影响酶促反应速度的因素
E. 酶的理化与生物学性质

19. 下列哪一项不是影响酶促反应速度的因素
A. 底物浓度
B. 酶的浓度

C. 反应的温度
D. 反应环境的 pH
E. 酶原的浓度
20. 酶的特征常数是
A. *V*max
B. 最适 pH
C. 最适温度
D. Tm
E. *K*m
21. 酶浓度对酶促反应速度影响的图形为
A. S 形曲线
B. 矩形双曲线
C. 抛物线
D. 直线
E. 在纵轴上截距为 1/*V*max 的直线
22. 国际酶学委员会将酶分为六大类的依据是
A. 酶的来源
B. 酶的结构
C. 酶的物理性质
D. 酶促反应的性质
E. 酶所催化的底物
23. *K*m 值的概念
A. 与酶的性质无关
B. 与同一种酶的各种同工酶无关
C. 与酶对底物的亲和力无关
D. 与酶的浓度有关
E. 是达到 1/2*V*max 时的底物浓度
24. 关于温度对酶促反应速度影响的错误描述是
A. 温度高于 50～60℃，酶开始变性失活
B. 温度对酶促反应速度呈现双重影响
C. 高温可灭菌
D. 低温使酶变性失活
E. 低温可保存菌种
25. 有关 pH 对酶促反应速度影响的错误描述是
A. pH 改变可影响酶的解离状态
B. pH 改变可影响底物的解离状态
C. pH 改变可影响酶与底物的结合
D. 酶促反应速度最高时的 pH 为最适 pH
E. 最适 pH 是酶的特征性常数
26. 有关激活剂的正确叙述是
A. 激活变构剂的一种
B. 是使酶由无活性变为有活性或活性增加的物质
C. 使酶活性增加的必需激活剂
D. 是使酶一级结构改变的物质
E. 激活剂大多数为阴离子，如 Cl^-
27. 有机磷化合物对于胆碱酯酶的抑制属于
A. 不可逆抑制
B. 可逆性抑制
C. 竞争性抑制
D. 非竞争性抑制
E. 反竞争性抑制
28. 竞争性作用的强弱取决于
A. 部位
B. 结合的牢固
C. 与酶结构的相似程度
D. 酶的结合基团
E. 底物与抑制剂浓度的相对比例
29. 磺胺药的抑菌作用属于
A. 不可逆抑制
B. 竞争性抑制
C. 非竞争性抑制
D. 反竞争性抑制
E. 抑制强弱不取决于底物与抑制剂浓度的相对比例
30. 丙二酸对琥珀酸脱氢酶动力学特征的影响是
A. *K*m↑　*V*max 不变
B. *K*m↓　*V*max 不变
C. *K*m 不变　*V*max↑
D. *K*m 不变　*V*max↓
E. *K*m↓　*V*max↓
31. 一种酶作用于几种底物时，其天然的

*K*m 值
A. 最大
B. 最小
C. 中间
D. 与其他底物相同
E. 与 *K*m 相同

32. 关于非竞争性抑制作用的正确描述为
A. 抑制剂与底物结构均相似
B. 抑制剂与酶的活性中心结合
C. 增加底物浓度可使抑制逆转
D. *K*m 不变 *V*max↓
E. *K*m↓ *V*max↓

33. 关于反竞争性抑制作用的正确描述为
A. 抑制剂与酶活性中心结合
B. 抑制剂仅与中间复合物（ES）结合
C. 林-贝作图时不同浓度抑制剂在纵轴上的截距不变
D. *K*m 不变 *V*max↓
E. *K*m↓ *V*max 不变

34. 共价修饰的主要方式是
A. 乙酰化与脱乙酰化
B. 甲基化与脱甲基化
C. 腺苷化与脱腺苷化
D. 磷酸化与脱磷酸化
E. 巯基氧化型与还原型的互变

35. 有关变构酶的错误叙述是
A. 变构剂以共价键结合到变构部位
B. 构象的改变使酶与底物的亲和力发生变化
C. 体内快速调节酶活性的重要方式
D. 变构剂与酶活性中心外的某一部位可逆地结合，使酶构象改变，因而酶活性改变
E. 正协同效应底物浓度曲线呈 S 形

36. 同工酶的正确描述为
A. 催化功能不同，理化、免疫学性质相同
B. 催化功能、理化性质相同
C. 同一种属一种酶的同工酶 *K*m 值不同
D. 同工酶无器官特异性
E. 同工酶是由相同基因编码的多肽链

37. 乳酸脱氢酶同工酶是由 H、M 亚基组成的
A. 二聚体
B. 三聚体
C. 四聚体
D. 五聚体
E. 六聚体

38. 酶保持催化活性，必须
A. 酶分子完整无缺
B. 有酶分子的所有化学基团存在
C. 有金属离子参加
D. 有辅酶参加
E. 有活性中心及其必需基团

39. 关于酶原及其激活的正确叙述为
A. 酶原无活性是因为酶蛋白肽链合成不完全
B. 酶原无活性是因为缺乏辅酶或辅基
C. 体内的酶初泌时都以酶原的形式存在
D. 酶原激活过程是酶活性中心形成与暴露的过程
E. 所有酶原都有自身激活功能

40. 关于关键酶叙述，下列哪一点是错误的
A. 关键酶常是变构酶
B. 关键酶常位于代谢途径的起始或分叉部位。
C. 关键酶常是共价修饰酶
D. 受激素调节的酶常是关键酶
E. 关键酶活性最高，故对整个代谢途径的速度起决定作用

41. 平常测定酶活性的反应体系中，哪项叙述是不适当的
A. 作用物的浓度愈高愈好
B. 应选择该酶的最适 pH
C. 反应温度应接近最适温度
D. 合适的温育时间

E. 有的酶需要加入激活剂

42. 不含B族维生素的辅酶是
A. CoA
B. FAD
C. NAD^+
D. CoQ
E. $NADP^+$

43. 下列有关酶蛋白的叙述，哪个是不正确的
A. 是高分子化合物
B. 不耐酸碱
C. 与酶的特异性无关
D. 不能透过半透膜
E. 属于结合酶的组成部分

44. 酶分子中能使底物转变为产物的基团是
A. 调节基团
B. 结合基团
C. 催化基团
D. 亲水基团
E. 酸性基团

45. 电泳法测定心肌梗死病人血中乳酸脱氢酶的同工酶时，增加最显著的是
A. LDH_4
B. LDH_2
C. LDH_5
D. LDH_3
E. LDH_1

46. 能使唾液淀粉酶活性增强的离子是
A. 氯离子
B. 锌离子
C. 碳酸氢根离子
D. 铜离子
E. 锰离子

47. 酶促反应速度（V）达到最大反应速度（Vm）的80%时，底物浓度［S］为
A. $1Km$
B. $2Km$
C. $3Km$
D. $4Km$
E. $5Km$

48. 酶活性是指
A. 酶所催化的反应
B. 无活性的酶转变成有活性的酶
C. 酶与底物的结合力
D. 酶的催化能力
E. 酶必需基团的解离

49. 测定血清酶活性的常用方法是
A. 分离提纯酶蛋白，精确称取重量计算酶的含量
B. 在规定条件下，测定单位时间内底物的消耗量或产物的生成量
C. 在最适条件下，测定完成酶促反应的时间
D. 以280nm的紫外线吸收测定酶蛋白的含量
E. 以260nm的紫外线吸收测定酶蛋白的含量

50. 对可逆性抑制剂的描述，正确的是
A. 使酶变性的抑制剂
B. 抑制剂与酶共价结合
C. 抑制剂与酶非共价结合
D. 抑制剂与酶结合后用透析等物理方法不能解除抑制
E. 抑制剂与酶的变构基团结合，使酶的活性降低

二、多项选择题

［在备选答案中有两个或两个以上是正确的，错选或未选全的均不给分］

1. 酶与一般催化剂的主要区别是
A. 对底物有高度的特异性
B. 对催化反应的选择性
C. 降低活化能
D. 对理化因素敏感
E. 反应前后没有质和量的改变

2. 有关酶与辅酶的说法，正确的是
A. 酶都是由酶蛋白和辅酶组成
B. 一种辅酶能与多种酶蛋白结合成全酶
C. 辅酶大多数是B族生素的衍生物
D. 所有酶的活性中心都含有辅酶
E. 酶蛋白与辅酶以共价键结合成全酶
3. 用下列哪些方法说明酶的本质是蛋白质
A. 其最大的吸收峰在260nm
B. 其最大的吸收峰在280nm
C. 水解产物是氨基酸
D. 有与蛋白质相同的呈色反应
E. 凡是使蛋白质变性的因素，均可使其变性
4. 胰液中的蛋白水解酶最初以酶原形式存在的主要意义是
A. 抑制蛋白酶的分泌
B. 促进蛋白酶的分泌
C. 维持胰腺蛋白酶的分泌速度
D. 保护胰腺组织不被自身消化
E. 保证蛋白酶在特定部位内发挥消化作用
5. 同工酶的共同特点是
A. 催化反应相同
B. 分子的结构相同
C. 理化性质相同
D. 免疫学性质不同
E. 理化性质不同
6. *K*m的意义是
A. *K*m是酶的特征性常数
B. *K*m值越小，酶的活性越高
C. 一种酶有几种底物时，*K*m值不同
D. 不同的酶对同一底物反应时，*K*m值相同
E. 1/*K*m可近似表示酶与底物亲和力的大小
7. 属于B族维生素的有
A. 硫胺素
B. 维生素PP
C. 核黄素
D. 生物素
E. 维生素D
8. 酶的竞争性抑制作用的特点是
A. 抑制剂的结构与底物相似
B. 最大反应速度不变
C. *K*m值增大
D. 最大反应速度降低
E. 增加底物浓度可降低或解除抑制作用
9. 酶的辅基起下列哪些作用
A. 稳定酶分子的构象
B. 连接酶与底物的桥梁
C. 降低反应中静电斥力
D. 作为酶活性中心的催化基团参与催化反应
E. 传递电子
10. FMN和FAD的共性是
A. 含有维生素B_2
B. 是脱羧酶的辅酶
C. 含有AMP
D. 一种二核苷酸
E. 是脱氢酶的辅酶
11. 对酶活性中心的正确叙述是
A. 所有的酶都有活性中心
B. 酶的活性中心位于酶分子表面
C. 所有的酶活性中心是相同的
D. 活性中心以外的结构对酶活性无影响
E. 活性中心以内的基团有结合基团和催化基团
12. 可激活胃蛋白酶原的是
A. 肠激酶
B. H^+
C. 胃蛋白酶
D. 胰蛋白酶
E. 糜蛋白酶
13. 比较非竞争性和反竞争性抑制作用的特点
A. 两者均使*V*m下降
B. 增加底物浓度可解除其抑制作用

C. 抑制剂均可与ES结合
D. 两者都使 Km 值下降
E. 前者 Km 值不变，后者降低

14. 下列哪些物质是酶的不可逆抑制剂
A. 磺胺类药物
B. 有机磷农药
C. 含砷的有机化合物
D. 某些重金属离子（Hg^{2+}，Ag^{+}）
E. 氮杂丝氨酸

15. 辅基是指酶的辅助因子中
A. 与酶蛋白结合紧密者
B. 与酶蛋白结合疏松者
C. 用透析和超滤法能将其分开者
D. 用透析和超滤法不能将其分开者
E. 使酶蛋白变构的部分

16. 在生物体内下面哪些化合物可引起相应酶的竞争性抑制作用
A. 磺胺类药物
B. 丙二酸
C. 草酰乙酸
D. 5-氟尿嘧啶（5-FU）
E. 氨基蝶呤和氨甲蝶呤（MTX）

17. 因体内酶的缺陷造成的疾病
A. 糖尿病
B. 白化病
C. 痛风症
D. 苯丙酮酸尿症
E. 佝偻病

18. 某种酶的活性依赖于活性中心的巯基（-SH），该巯基易被氧化失活，为保护其活性可用下面哪些物质
A. 半胱氨酸
B. 维生素PP
C. 维生素C
D. 维生素E
E. 还原型谷胱甘肽

19. 变（别）构酶的结构与功能特点是
A. 由两个或两个以上的亚基组成
B. 分子中有调节亚基
C. 催化反应动力学曲线是S型
D. 变构剂可调节其活性
E. 大多数调节亚基与催化亚基是同一亚基

20. 对某个酶的同工酶来说，下列哪些叙述是正确的
A. 组成同工酶的亚基数目相同，但亚基的种类不同
B. 对底物的特异性相同，但辅助因子不同
C. 用电泳分离时，泳动方向不同
D. 不同种属的同一种酶
E. 对底物的亲和力不同

21. 影响酶促反应的因素有
A. 酶的浓度
B. 反应温度和激活剂
C. 溶液的pH
D. 底物的浓度
E. 抑制剂

22. 酶的辅助因子可以是
A. 金属离子
B. 某些小分子有机化合物
C. 维生素
D. 各种有机和无机化合物
E. 氨基酸

23. 以硫胺素为辅酶的酶参与下面哪些反应
A. 丙酮酸氧化脱羧反应
B. 氨基酸氧化脱羧反应
C. 草酰乙酸氧化脱羧反应
D. α-酮戊二酸氧化脱羧反应
E. α-酮酸氧化脱羧反应

24. 酶活性中心的作用是
A. 维持酶的空间构象
B. 保持调节亚基和催化亚基紧密结合
C. 结合底物催化反应
D. 决定特异性和催化能力
E. 酶分子中各种亚基的集中部位

25. 酶催化作用的机制可能是
A. 邻近效应

B. 诱导契和
C. 多元催化
D. 表面效应
E. 定向排列

26. 关于酶的抑制剂的论述正确的是
A. 使酶的活性降低或消失而不引起酶变性的物质
B. 蛋白酶使酶水解失活，所以蛋白酶是酶的抑制剂
C. 磺胺药物是二氢叶酸合成酶的竞争性抑制剂
D. 过多的产物可使酶促反应出现逆向反应，可视为酶的抑制剂
E. 磷酸酶使酶脱磷酸后失活，因此磷酸酶可视为酶的抑制剂

27. 因重金属或有机磷杀虫剂中毒引起的不可逆抑制作用，可用下面哪些物质进行解除
A. 丙二酸
B. 二巯基丙醇（BAL）
C. 解磷定
D. 阿托品
E. 磺胺类药物

28. 关于 LDH_1 和 LDH_5 的叙述哪些是正确的
A. 两者都存在于心肌和骨骼肌，但含量不同
B. 它们对同一底物的亲和力相同
C. *K*m 值不同
D. 可用电泳法进行分离
E. 生理意义不同

29. 下列对酶促反应起竞争性抑制作用的物质是
A. 丙二酸对琥珀酸脱氢酶的抑制作用
B. 氨甲蝶呤（MTX）对二氢叶酸还原酶的抑制作用
C. 6-巯基嘌呤（6-MP）对次黄嘌呤-鸟嘌呤磷酸核糖转移酶的抑制作用
D. 氰化物对细胞色素氧化酶的抑制作用
E. 苹果酸对 L-谷氨酸脱氢酶的抑制作用

30. 酶的特异性（专一性）可分为
A. 相对特异性
B. 变构特异性
C. 绝对特异性
D. 立体异构特异性
E. 旋光特异性

三、填空题

1. 不可逆抑制剂常与酶________上的________基团以________键相结合，使酶失活。
2. 结合蛋白酶类必须由________和________相结合才有活性，前者的作用是________，后者的作用是________。
3. 米氏方程是说明________与________之间的关系，*K*m 的定义是________。
4. 乳酸脱氢酶是由________和________亚基组成的________聚体，它可分成________、________、________、________和________五种同工酶。
5. 竞争性抑制剂与________结合时，其抑制作用表现为 *V*m 值________，*K*m 值________。
6. ________和________可以对琥珀酸脱氢酶有竞争性抑制作用。
7. 酶促反应有以下四个特点：________、________、________、________。
8. 如果反应中酶的浓度增加一倍，则 *K*m 值________。
9. 酶活性中心常含有组氨酸的________基，丝氨酸的________基，半胱氨酸的________基等。
10. 脱氢酶的辅酶有________、________和________。

11. 反竞争性抑制剂是与________结合，使最大反应速度________，Km 值________。
12. 急性胰腺炎时，尿中淀粉酶指数升高是由于组织________或细胞的________。
13. 有机磷杀虫剂中毒是因为它可以引起酶的________抑制作用。
14. 关于 Km 的叙述：
    (1) 米氏常数 Km 是一种________常数，它只与________有关，而与________无关。
    (2) 不同的酶 Km ________，同一种酶有几种底物时，Km ________，其中 Km 值最小的底物是________。
    (3) $1/Km$ 可近似地表示________，$1/Km$ 越大，则________。
    (4) 同工酶各自对同一种底物的 Km 值________。
15. 酶活性中心内的必需基团分为________和________。
16. 维生素 PP 和 B_2 构成的辅酶形式分别是________、________、________和________。

四、名词解释

1. 辅基和辅酶
2. 酶的活性中心
3. 同工酶
4. 不可逆性抑制作用
5. 酶原的激活
6. 酶活性单位
7. 变构效应

五、简答题

1. 说明温度对酶促反应影响的双重性。
2. 简述磺胺类药物的作用机制。
3. 举例说明维生素与辅酶的关系。
4. 酶活性的国际单位（IU）与 1Kat 的关系？
5. 从动物体提取一种高分子化合物，纯化后能催化磷酸二羟丙酮的还原及产物的氧化反应。
   问：(1) 该物质是什么？
   (2) 该反应在细胞何处进行？辅酶是什么？

六、论述题

1. 竞争性抑制剂与非竞争性抑制剂的主要区别？
2. pH 是如何影响酶促反应速度的？临床上酸碱中毒患者最终会导致什么后果？

参考答案

一、单项选择题

1. C	2. D	3. D	4. B	5. E	6. D	7. D	8. D
9. B	10. A	11. C	12. A	13. D	14. E	15. D	16. C
17. B	18. D	19. E	20. E	21. D	22. D	23. E	24. D
25. E	26. B	27. A	28. E	29. B	30. A	31. B	32. D

33. B　34. D　35. A　36. C　37. C　38. E　39. D　40. E
41. A　42. D　43. C　44. C　45. E　46. A　47. D　48. D
49. B　50. C

二、多项选择题

1. ABD　2. BC　3. BCDE　4. DE　5. ADE　6. ABCE
7. ABCD　8. ABCE　9. ABCDE　10. AE　11. ABE　12. BC
13. ACE　14. BCD　15. AD　16. ABCDE　17. BCD　18. CDE
19. ABCD　20. AE　21. ABCDE　22. ABC　23. ADE　24. CD
25. ABCDE　26. AC　27. BCD　28. ACDE　29. ABC　30. ACD

三、填空题

1. 活性中心　必需　共价
2. 酶蛋白　辅助因子　决定反应的特异性　决定反应的种类和性质
3. 底物浓度　反应速度　当反应速度为最大速度的 1/2 时的底物浓度
4. H　M　四　LDH_1　LDH_2　LDH_3　LDH_4　LDH_5
5. 酶（E）　不变　增加
6. 丙二酸　草酰乙酸（苹果酸）
7. 高效的催化活性　高度的特异性　高度不稳定性　酶活性的可调节性
8. 不变
9. 咪唑基　羟基（-OH）　巯基（-SH）
10. FAD　FMN　NAD^+
11. ES　下降　下降
12. 受损伤　通透性增加
13. 不可逆性
14. （1）酶的特征性　酶的性质　酶浓度
（2）不同　也不同　酶的最适底物
（3）酶对底物亲和力的大小　酶对底物亲和力也越大
（4）不同
15. 结合基团　催化基团
16. NAD^+　$NADP^+$　FAD　FMN

四、名词解释

1. 辅基和辅酶属于结合蛋白酶的辅助因子，辅基与酶蛋白结合牢固，不能用透析等物理方法将其分开，而辅酶与酶蛋白结合疏松，用上述方法可将其分开，两者都是酶活性中心的组成部分，但具体作用不同。
2. 必需基团比较集中，形成一定空间构象，能与底物特异结合并将其转化为产物的区域称为酶的活性中心。
3. 催化相同的化学反应，而酶蛋白分子结构、理化性质和免疫学性质不同的一组酶，称同工酶。

4. 抑制剂与酶分子中的必需基团以共价键结合，使酶失活。不能用一般物理方法将它除去，这种抑制作用称不可逆抑制作用。
5. 无活性的酶原在一定条件下，能转变成有催化活性的酶，此过程称酶原的激活。
6. 酶的活性单位是在规定条件下（一定温度、pH 和底物浓度等），酶促反应在单位时间内生成一定量的产物或消耗一定量的底物所需的酶量。
7. 当小分子变构剂与酶活性中心以外的调节亚基结合后，酶的空间构象发生改变，从而影响酶的活性，这种现象称变构效应。

五、简答题

1. 温度对酶促反应影响是双重性的：（1）化学反应的速度随温度的增高而加快。（2）酶是蛋白质，可随温度的升高而变性。温度较低时，前一影响较大，酶促反应速度随温度的升高而加快。但超过一定数值后，酶受热变性的因素占优势，反应速度反而随温度上升而减慢，当温度上升至一定高度时，酶因热变性失活，酶促反应不能进行。在某一温度下，加快分子的热运动与加快酶变性两种影响处于相对平衡时，即温度既不过高以引起酶的失活，也不过低以延缓反应的进行时，反应进行的速度达到最快。酶促反应速度最大时的温度称为该酶促反应的最适温度。
2. 磺胺药物能抑制细菌生长，是因为细菌在生长繁殖时需要利用对氨基苯甲酸作底物，在二氢叶酸合成酶的催化下合成二氢叶酸，二氢叶酸是核苷酸合成过程中四氢叶酸的前体。磺胺药物的结构与对氨基苯甲酸相似，可竞争性抑制二氢叶酸合成酶，从而阻碍了二氢叶酸的合成。菌体内二氢叶酸缺乏，导致核苷酸、核酸的合成受阻，因而影响细菌的生长繁殖，起到杀菌的目的。根据竞争性抑制的特点，服用磺胺药物是必须保持血液中药物的高浓度，以发挥其有效的竞争性抑制作用。
3. 大多数 B 族维生素的衍生物是结合蛋白酶的辅酶，它是酶活性中心的组成部分，并具体参加反应。例如维生素 PP 以 NAD^+ 或 $NADP^+$ 的形式参与氧化脱羧反应。
4. 在规定条件下，一分钟使一微摩尔底物发生转变的酶量（μmol/min）称为一个国际单位(IU)，1Kat 定义为在特定反应条件下，反应速度为 1mol/sec 的酶量，其换算方法是 lKat$=6\times10^7$IU。
5. （1）是 α-磷酸甘油脱氢酶；

   （2）在胞浆中进行，辅酶为 NAD^+；在线粒体中进行，辅酶为 FAD。

六、论述题

1. 竞争性抑制剂　抑制剂结构与底物相似，共同竞争酶的活性中心，抑制作用大小与抑制剂和底物的相对浓度有关。Km 值增大，Vm 不变。

   非竞争性抑制剂　非竞争性抑制剂与底物不相似或完全不同，它只与活性中心以外的必需基团结合，形成 EI 和 EIS，使 E 和 ES 都下降。该抑制作用的强弱只与抑制剂浓度有关。Km 值不变，Vm 下降。
2. （1）pH 对酶促反应速度的影响：影响酶蛋白、辅酶及底物的解离状态，从而影响酶的催化活性；当酶在最适 pH 时，酶、底物、辅酶的解离状态最适合相互结合及催化反应，故酶的催化活性最大。

（2）体内大多数酶的最适 pH 在中性，血液的 pH 在 7.35～7.45，临床上当患者血液的 pH 小于 7.35，或大于 7.45 时，因偏离体内大多数酶的最适 pH，故酶的催化活性下降甚至失活，从而影响体内物质代谢和能量代谢活动，最终导致患者死于酸中毒或碱中毒。

（右江民族医学院　韦耀东　罗艳红）

第四章　糖　代　谢

重点解析

糖是体内重要的能源物质，1mol 葡萄糖完全氧化成 CO_2 和 H_2O 时可释放 2840kJ 能量，正常生理情况时，人体所需能量的 50%～70%来自于糖。此外，糖还参与人体组织结构的组成；体内某些生物活性物质是糖的磷酸衍生物；某些血浆蛋白质、抗体、激素等分子中也含有糖。

一、糖的分解代谢

糖在体内的分解代谢主要通过糖酵解、有氧氧化和磷酸戊糖途径三种方式。

糖酵解是在缺氧情况下，葡萄糖或糖原经过一系列反应生成乳酸的过程。具体反应见主教材第四章。

糖酵解的关键酶是己糖激酶（肝中为葡萄糖激酶）、6-磷酸果糖激酶-1 和丙酮酸激酶。6-磷酸果糖激酶-1 是最重要的关键酶。这些关键酶的活性受到细胞内如 ATP、ADP、AMP、1，6-二磷酸果糖、2，6-二磷酸果糖、6-磷酸葡萄糖等多种变构剂的调节。

葡萄糖经酵解可产生少量能量。1 分子葡萄糖经酵解净生成 2 分子 ATP；糖原中的每 1 分子葡萄糖残基经酵解净生成 3 分子 ATP。这对于某些组织以及机体的某些特殊情况具有重要生理意义。如成熟红细胞完全依靠糖酵解获得能量；神经、白细胞、骨髓等组织细胞代谢极为活跃，在有氧情况下也常由糖酵解提供部分能量；机体在进行剧烈的或长时间运动时，骨骼肌处于相对缺氧状态，糖酵解过程加强，以补充所需能量。

糖有氧氧化指葡萄糖或糖原在有氧条件下，彻底氧化成 CO_2 和 H_2O 并产生大量能量的过程。它是体内糖氧化的主要方式。糖的有氧氧化可分为三个阶段：第一阶段是葡萄糖生成丙酮酸，反应基本同糖酵解，不同之处是产物是丙酮酸而不是乳酸。另外，在反应过程中生成的 2 分子 $NADH+H^+$ 被转运进线粒体，通过呼吸链将其中的还原当量氧化成水，并产生 3 分子或 5 分子 ATP。第二阶段是 2 分子丙酮酸进入线粒体氧化脱羧，生成 2 分子乙酰 CoA、2 分子 $NADH+H^+$ 和 2 分子 CO_2。反应由丙酮酸脱氢酶复合体催化。丙酮酸脱氢酶复合体由三种酶、五种辅助因子组成。此过程生成的每一分子 $NADH+H^+$ 中的还原当量经呼吸链氧化可生成 2.5 分子 ATP。第三阶段即乙酰 CoA 进入三羧酸循环被彻底氧化成 CO_2 和 H_2O。三羧酸循环在线粒体内进行，由乙酰 CoA 和草酰乙酸缩合生成含三个羧基的柠檬酸开始，每循环一次消耗掉一个乙酰基。反应中有 4 次脱氢和 2 次脱羧反应，每循环一周生成 10 分子 ATP。三羧酸循环中，由柠檬酸合酶、异柠檬酸脱氢酶、α-酮戊二酸脱氢酶复合体催化的反应不可逆，所以整个循环是不可逆的。以上三种酶即为三羧酸循环的关键酶，其中异柠檬酸脱氢酶是最主要的关键酶。三羧酸循环的中间产物因参与其他代谢反应可被消耗，因而需不断地进行补充，主要通过丙酮酸羧化生成草酰乙酸的方式进行补充。糖有氧氧化的反应过程见主教材第四章。

糖有氧氧化的几个阶段都有调节点。糖有氧氧化的调节是为了适应机体或器官对能量的需要，因而有氧氧化全过程中许多酶的活性都受细胞内 ATP/ADP 或 ATP/AMP 的影响。另外，乙酰 CoA 及 $NADH+H^+$ 可变构抑制丙酮酸脱氢酶复合体的活性。$NADH/NAD^+$ 高时可反馈抑制异柠檬酸脱氢酶和 α-酮戊二酸脱氢酶复合体的活性。当线粒体内 Ca^{2+} 浓度升高时，Ca^{2+} 可激活丙酮酸脱氢酶复合体、异柠檬酸脱氢酶和 α-酮戊二酸脱氢酶复合体。

糖有氧氧化及三羧酸循环生理意义主要在于：① 氧化供能：每分子葡萄糖经有氧氧化彻底分解成 CO_2 和 H_2O，同时可生成 30 或 32 分子 ATP。② 三羧酸循环是体内糖、脂肪和蛋白质三大营养物质分解代谢的共同途径。③ 三羧酸循环也是糖、脂肪和蛋白质代谢联系的枢纽。

葡萄糖还可进入磷酸戊糖途径进行代谢，反应在胞液中进行。基本反应过程见主教材第四章。磷酸戊糖途径的关键酶是 6-磷酸葡萄糖脱氢酶。磷酸戊糖途径的生理意义是：① 为核酸的生物合成提供核糖；② 在反应中生成的 $NADPH+H^+$ 作为供氢体，参与多种代谢反应，如脂肪酸、胆固醇的合成及用于维持谷胱甘肽的还原状态等。

二、糖原合成与分解

由单糖（主要是葡萄糖）合成糖原的过程称为糖原合成。肝脏和肌肉都可合成糖原。糖原合成的反应过程见主教材第四章。糖原每增加一个葡萄糖单位需消耗两个高能磷酸键。糖原合酶是糖原合成的关键酶。

糖原分解习惯指肝糖原分解为葡萄糖的过程。反应过程见主教材第四章。肝中有葡萄糖-6-磷酸酶，可水解 6-磷酸葡萄糖直接补充血糖，肌肉中无此酶，糖原分解生成的 6-磷酸葡萄糖只能进入糖酵解途径。糖原分解的关键酶是磷酸化酶。

糖原合酶和磷酸化酶均具有有活性和无活性两种形式。机体对糖原合成和分解的调节即是通过同一信号使一种酶处于活性状态，另一种酶处于无活性状态。

三、糖异生

由非糖物质（丙酮酸、乳酸、甘油、生糖氨基酸等）转变为葡萄糖的过程称为糖异生。肝是糖异生的主要器官，肾在正常情况下糖异生的能力仅为肝的 10%，但长期饥饿时肾糖异生能力可大大加强。糖异生途径基本是糖酵解的逆反应过程。由于糖酵解途径中有三步不可逆反应，必须通过丙酮酸羧化酶、磷酸烯醇式丙酮酸羧激酶、果糖二磷酸酶-1、葡萄糖-6-磷酸酶的催化，越过三步不可逆反应。糖异生反应过程见主教材第四章。糖异生途径和糖酵解途径是方向相反的两条代谢途径，如从丙酮酸进行有效的糖异生，就必须抑制糖酵解途径，以防止葡萄糖又重新分解成丙酮酸；反之亦然。这主要依赖于对这两条途径中的 6-磷酸葡萄糖与 1，6-二磷酸果糖之间以及磷酸烯醇式丙酮酸和丙酮酸之间这两个底物循环进行调节。

糖异生最重要的生理意义是在空腹或饥饿状态下保持血糖浓度的相对恒定，尤其对脑、红细胞等器官组织尤为重要。糖异生作用还有利于乳酸的利用及调节机体的酸碱平衡。

四、血糖

血糖指血液中的葡萄糖。正常参考范围是 3.89～6.11mmol/L。血糖的来源和去路详见主教材第四章。人体具有高效率的调节血糖浓度的机制，这种机制包括了肝、肌肉、肾等组织器官及神经、激素的调节作用。肝可进行糖原合成、糖原分解和糖异生作用，是调节血糖浓度最重要的器官。肌肉可以利用葡萄糖合成肌糖原，肌糖原分解产生大量乳酸，乳酸通过血液循环运送到肝，在肝经糖异生作用转变为葡萄糖，葡萄糖经血循环又被运送到肌肉合成肌糖原，上述过程为乳酸循环。当血糖浓度超过肾糖阈（8.89～10.00mmol/L）时，葡萄糖可自尿中排出。

体内降低血糖的激素是胰岛素；升高血糖的激素有胰高血糖素、肾上腺素、糖皮质激素、生长激素等。

五、血糖水平异常

多种疾病可引起糖代谢障碍，使血糖水平出现异常。常见的有高血糖和糖尿、低血糖两种类型。

临床将空腹血糖浓度高于7.8mmol/L（140mg/dl）称为高血糖。当血糖浓度超过肾糖阈时，葡萄糖即从尿中排出，出现糖尿。生理情况下可出现一过性糖尿，如情感性糖尿、饮食性糖尿等。而持续性高血糖和糖尿，特别是空腹血糖和糖耐量曲线高于正常，则主要见于糖尿病。糖尿病是一种常见的、有一定遗传倾向的代谢性疾病。某些慢性肾炎、肾病综合征等肾疾患时也可出现糖尿，但患者的血糖和糖耐量曲线均正常。

空腹血糖浓度低于3.3mmol/L（60mg/dl）称为低血糖。出现低血糖的原因有胰性、肝性、内分泌异常等。当血糖浓度过低时，表现为头晕、倦怠无力、心悸等，严重时可出现昏迷，甚至死亡。出现低血糖时，应迅速补给葡萄糖。

葡萄糖耐量试验是检查人体对血糖的调节功能、诊断糖尿病的一项重要检查。正常人、糖尿病及肾上腺皮质机能减退的患者可有不同的耐糖曲线。详见主教材第四章。

测　试　题

一、单项选择题

［备选答案中只有一个是正确的］

1. 糖酵解途径中催化不可逆反应的酶是
   A. 己糖激酶
   B. 磷酸丙糖异构酶
   C. 醛缩酶
   D. 3-磷酸甘油醛脱氢酶
   E. 乳酸脱氢酶
2. 1分子葡萄糖经酵解净生成
   A. 1分子ATP
   B. 2分子ATP
   C. 3分子ATP
   D. 4分子ATP
   E. 5分子ATP
3. 不参与糖酵解的酶是
   A. 6-磷酸果糖激酶-1
   B. 己糖激酶
   C. 磷酸甘油酸激酶
   D. 磷酸烯醇式丙酮酸羧激酶
   E. 丙酮酸激酶
4. 糖酵解途径中提供高能磷酸键使ADP生成ATP的代谢物是
   A. 3-磷酸甘油醛和6-磷酸果糖
   B. 1，3-二磷酸甘油酸和磷酸烯醇式丙

酮酸
C. 3-磷酸甘油酸和丙酮酸
D. 6-磷酸葡萄糖和2-磷酸甘油酸
E. 1，6-二磷酸果糖和磷酸二羟丙酮

5. 糖酵解途径中的脱氢反应是
A. 1，6二磷酸果糖→3-磷酸甘油醛＋磷酸二羟丙酮
B. 3-磷酸甘油醛→磷酸二羟丙酮
C. 3-磷酸甘油醛→1，3二磷酸甘油酸
D. 1，3二磷酸甘油酸→3-磷酸甘油酸
E. 3-磷酸甘油酸→2-磷酸甘油酸

6. 糖原的一个葡萄糖残基经酵解净生成
A. 1分子ATP
B. 2分子ATP
C. 3分子ATP
D. 4分子ATP
E. 5分子ATP

7. 6-磷酸果糖激酶-1最强的变构激活剂是
A. AMP
B. ADP
C. ATP
D. 2，6-二磷酸果糖
E. 1，6-二磷酸果糖

8. 6-磷酸葡萄糖转变为1，6-二磷酸果糖时需要
A. 磷酸葡萄糖变位酶和磷酸化酶
B. 磷酸葡萄糖变位酶和醛缩酶
C. 磷酸己糖异构酶和6-磷酸果糖激酶-1
D. 磷酸葡萄糖变位酶和6-磷酸果糖激酶-1
E. 磷酸己糖异构酶和醛缩酶

9. 醛缩酶的底物是
A. 6-磷酸果糖
B. 1-磷酸葡萄糖
C. 6-磷酸葡萄糖
D. 1，6-二磷酸果糖
E. 2-磷酸甘油酸

10. 缺氧情况下，糖酵解途径生成的 $NADH+H^+$ 的去路是
A. 使丙酮酸还原为乳酸
B. 使3-磷酸甘油酸还原为3-磷酸甘油醛
C. 进入呼吸链氧化供能
D. 生成乙酰CoA
E. 生成1，6-二磷酸果糖

11. 有氧情况下也完全需糖酵解提供能量的是
A. 成熟红细胞
B. 肌肉
C. 肝
D. 脑
E. 肾

12. 糖酵解的中间产物中有高能磷酸键的是
A. 6-磷酸葡萄糖
B. 6-磷酸果糖
C. 1，6-双磷酸果糖
D. 3-磷酸甘油醛
E. 1，3-二磷酸甘油酸

13. 和丙酮酸氧化脱羧生成乙酰辅酶A**无关**的维生素是
A. 维生素 B_1
B. 维生素 B_2
C. 维生素 B_6
D. 维生素PP
E. 泛酸

14. 丙酮酸脱氢酶复合体**不包括**
A. FAD
B. NAD^+
C. 生物素
D. 辅酶A
E. 硫辛酸

15. 三羧酸循环第一步的反应产物是
A. 柠檬酸
B. 草酰乙酸
C. 乙酰CoA
D. CO_2
E. $NADH+H^+$

16. 调节三羧酸循环最主要的关键酶是

A. 柠檬酸脱氢酶
B. 柠檬酸合酶
C. 苹果酸脱氢酶
D. α-酮戊二酸脱氢酶复合体
E. 异柠檬酸脱氢酶

17. 三羧酸循环中不产生氢的步骤是
A. 柠檬酸→异柠檬酸
B. 异柠檬酸→α-酮戊二酸
C. α-酮戊二酸→琥珀酰 CoA
D. 琥珀酸→延胡索酸
E. 苹果酸→草酰乙酸

18. 三羧酸循环中有底物水平磷酸化的反应是
A. 柠檬酸→α-酮戊二酸
B. α-酮戊二酸→琥珀酰 CoA
C. 琥珀酰 CoA→琥珀酸
D. 延胡索酸→苹果酸
E. 苹果酸→草酰乙酸

19. 一分子乙酰 CoA 经三羧酸循环彻底氧化，共有几次脱氢
A. 2
B. 3
C. 4
D. 5
E. 6

20. 三羧酸循环中，能进行脱羧反应的底物是
A. 柠檬酸和异柠檬酸
B. 柠檬酸和琥珀酸
C. 延胡索酸和草酰乙酸
D. 苹果酸和草酰乙酸
E. 异柠檬酸和 α-酮戊二酸

21. 糖有氧氧化中，丙酮酸氧化脱羧的产物是
A. 乙酰 CoA
B. 草酰乙酸
C. 琥珀酸
D. 乳酸
E. 苹果酸

22. 三羧酸循环中，直接以 FAD 为辅酶的酶是
A. 丙酮酸脱氢酶复合体
B. 琥珀酸脱氢酶
C. 异柠檬酸脱氢酶
D. 苹果酸脱氢酶
E. α-酮戊二酸脱氢酶复合体

23. 1 分子乙酰 CoA 经三羧酸循环氧化后的产物是
A. CO_2和 H_2O
B. 草酰乙酸
C. 草酰乙酸、CO_2
D. 草酰乙酸、CO_2和 H_2O
E. 2 分子 CO_2和 4 分子还原当量

24. 关于三羧酸循环的正确叙述是
A. 循环一周可生成 4 分子 $NADH+H^+$
B. 循环一周可使两个 ADP 磷酸化成 ATP
C. 乙酰 CoA 可经草酰乙酸进行糖异生
D. 丙二酸可抑制延胡索酸转变成苹果酸
E. 琥珀酰 CoA 是 α-酮戊二酸氧化脱羧的产物

25. 1mol 丙酮酸在线粒体内氧化成水和二氧化碳，可生成 ATP 的摩尔数是
A. 2.5
B. 3
C. 4.5
D. 12
E. 12.5

26. 异柠檬酸脱氢酶的别构抑制剂是
A. ATP
B. NAD^+
C. 柠檬酸
D. 乙酰 CoA
E. 脂肪酸

27. 磷酸戊糖途径的关键酶是
A. 己糖激酶
B. 磷酸葡萄糖变位酶

C. 6-磷酸葡萄糖脱氢酶
D. 6-磷酸葡萄糖酸脱氢酶
E. 磷酸己糖异构酶

28. 脂肪酸、胆固醇合成时的供氢体是
A. $NADH+H^+$
B. $NADPH+H^+$
C. $FADH_2$
D. $FMNH_2$
E. $CoQH_2$

29. 为核苷酸合成提供磷酸戊糖的代谢途径是
A. 糖酵解
B. 糖有氧氧化
C. 糖异生
D. 磷酸戊糖途径
E. 糖原分解

30. 1分子葡萄糖经磷酸戊糖途径可生成
A. 1分子 $NADH+H^+$
B. 2分子 $NADH+H^+$
C. 1分子 $NADPH+H^+$
D. 2分子 $NADPH+H^+$
E. 2分子 CO_2

31. 以 $NADPH+H^+$ 作辅助因子的酶是
A. 果糖二磷酸酶
B. 3-磷酸甘油醛脱氢酶
C. 6-磷酸葡萄糖酸脱氢酶
D. 醛缩酶
E. 转酮醇酶

32. 磷酸戊糖途径的中间产物是
A. 丙酮酸
B. 3-磷酸甘油醛
C. 6-磷酸果糖
D. 6-磷酸葡萄糖酸
E. 1，6-二磷酸果糖

33. 葡萄糖经过哪种代谢途径可直接在6碳水平实现脱氢脱羧
A. 糖酵解
B. 糖异生
C. 糖原合成
D. 三羧酸循环
E. 磷酸戊糖途径

34. 磷酸戊糖途径的重要生理功能是生成
A. 6-磷酸葡萄糖和 $NADH+H^+$
B. 磷酸核糖和 $NADPH+H^+$
C. 磷酸核糖和 $FADH_2$
D. 3-磷酸甘油醛和 $NADH+H^+$
E. 6-磷酸葡萄糖酸和 $FADH_2$

35. 蚕豆病患者体内缺乏
A. 内酯酶
B. 磷酸戊糖异构酶
C. 磷酸戊糖差向酶
D. 转酮基酶
E. 6-磷酸葡萄糖脱氢酶

36. 谷胱甘肽还原酶的辅酶是
A. CoASH
B. $NADH+H^+$
C. $NADPH+H^+$
D. $FADH_2$
E. $FMNH_2$

37. 直接参与底物水平磷酸化的酶是
A. 3-磷酸甘油醛脱氢酶
B. α-酮戊二酸脱氢酶复合体
C. 琥珀酸脱氢酶
D. 磷酸甘油酸激酶
E. 6-磷酸葡萄糖脱氢酶

38. 糖原合成的关键酶是
A. 磷酸化酶
B. 糖原合酶
C. 葡萄糖激酶
D. UDPG 焦磷酸化酶
E. 果糖二磷酸酶

39. 糖原合成时，葡萄糖的载体是
A. ADP
B. GDP
C. CDP
D. TDP
E. UDP

40. 关于糖原合成的错误论述是

A. 糖原合成过程中有焦磷酸生成
B. 分支酶催化 α-1，6-糖苷键的形成
C. 从1-磷酸葡萄糖合成糖原不消耗高能磷酸键
D. 葡萄糖供体是 UDPG
E. 糖原合酶催化 α-1，4-糖苷键的形成

41. 糖原合成中，分支酶催化
A. α-1，4-糖苷键的形成
B. α-1，6-糖苷键的形成
C. UDPG 的生成
D. 1-磷酸葡萄糖的生成
E. 1-磷酸葡萄糖转变成6-磷酸葡萄糖

42. 糖原分解的关键酶是
A. 磷酸化酶
B. 磷酸葡萄糖变位酶
C. 丙酮酸激酶
D. 6-磷酸葡萄糖脱氢酶
E. 己糖激酶

43. 糖原分解时，水解 α-1，6-糖苷键的酶是
A. 葡萄糖-6-磷酸酶
B. 磷酸化酶
C. 己糖激酶
D. 分支酶
E. 脱支酶

44. 肌糖原不能分解为葡萄糖，因为肌肉中不含有
A. 果糖二磷酸酶
B. 葡萄糖激酶
C. 磷酸葡萄糖变位酶
D. 葡萄糖-6-磷酸酶
E. 磷酸己糖异构酶

45. 糖代谢中，催化可逆反应的酶是
A. 糖原磷酸化酶
B. 己糖激酶
C. 果糖二磷酸酶
D. 磷酸甘油酸激酶
E. 丙酮酸激酶

46. 在糖原合成和糖原分解中都起作用的酶是
A. 磷酸葡萄糖变位酶
B. 异构酶
C. 分支酶
D. 焦磷酸化酶
E. 磷酸化酶

47. 与糖异生无关的酶是
A. 醛缩酶
B. 烯醇化酶
C. 果糖二磷酸酶
D. 丙酮酸激酶
E. 磷酸己糖异构酶

48. 在糖酵解和糖异生中都起催化作用的是
A. 丙酮酸激酶
B. 丙酮酸羧化酶
C. 果糖二磷酸酶
D. 己糖激酶
E. 3-磷酸甘油醛脱氢酶

49. 丙酮酸羧化酶是哪一个代谢途径的关键酶
A. 糖异生
B. 糖酵解
C. 磷酸戊糖途径
D. 脂肪酸合成
E. 胆固醇合成

50. 能激活丙酮酸羧化酶的物质是
A. 脂肪酰 CoA
B. 磷酸二羟丙酮
C. 异柠檬酸
D. 乙酰 CoA
E. 柠檬酸

51. 丙酮酸羧化酶的辅酶是
A. FAD
B. NAD^+
C. TPP
D. 辅酶 A
E. 生物素

52. 丙酮酸羧化支路中有几种核苷酸成分参与
A. 1
B. 2
C. 3
D. 4
E. 5
53. 2分子丙酮酸异生为葡萄糖时需消耗高能磷酸键的数目是
A. 2
B. 3
C. 4
D. 6
E. 8
54. 能抑制糖异生的激素是
A. 肾上腺素
B. 胰岛素
C. 生长素
D. 糖皮质激素
E. 胰高血糖素
55. 糖异生途径中催化1，6-二磷酸果糖转变为6-磷酸果糖的酶是
A. 丙酮酸羧化酶
B. 磷酸烯醇式丙酮酸羧激酶
C. 磷酸葡萄糖变位酶
D. 果糖二磷酸酶
E. 葡萄糖-6-磷酸酶
56. 位于糖酵解、糖异生、磷酸戊糖途径、糖原合成和糖原分解各代谢途径交汇点的化合物是
A. 1-磷酸葡萄糖
B. 6-磷酸葡萄糖
C. 1，6-二磷酸果糖
D. 3-磷酸甘油醛
E. 6-磷酸果糖
57. 空腹血糖的正常参考范围是
A. 2.05～5.50mmol/L
B. 3.00～5.50mmol/L
C. 3.89～6.11mmol/L
D. 4.16～6.55mmol/L
E. 7.32～8.89 mmol/L
58. 能降低血糖的激素是
A. 肾上腺素
B. 胰高血糖素
C. 胰岛素
D. 生长素
E. 糖皮质激素
59. 关于胰岛素调节糖代谢的错误论述是
A. 促进糖异生
B. 促进糖转变为脂肪
C. 增强细胞膜对葡萄糖的通透性
D. 促进糖原合成
E. 增强肝葡萄糖激酶的活性
60. 不能补充血糖的代谢过程是
A. 肝糖原分解
B. 肌糖原分解
C. 食物糖类的消化吸收
D. 糖异生作用
E. 肾小管对原尿中糖的重吸收

二、多项选择题

［在备选答案中有两个或两个以上是正确的，错选或未选全均不给分］

1. 糖酵解中能生成ATP的反应是
A. 葡萄糖→6-磷酸葡萄糖
B. 1，3-二磷酸甘油酸→3-磷酸甘油酸
C. 3-磷酸甘油酸→2磷酸甘油酸
D. 2磷酸甘油酸→磷酸烯醇式丙酮酸
E. 磷酸烯醇式丙酮酸→丙酮酸
2. 醛缩酶作用的底物是
A. 磷酸二羟丙酮
B. 甘油醛
C. 1，6-二磷酸果糖
D. 3-磷酸甘油醛
E. 3-磷酸甘油酸

3. 糖原中的葡萄糖残基酵解时的关键酶是
   A. 糖原合酶
   B. 糖原磷酸化酶
   C. 3-磷酸甘油醛脱氢酶
   D. 丙酮酸激酶
   E. 烯醇化酶
4. 糖酵解的关键酶是
   A. 己糖激酶
   B. 磷酸果糖激酶
   C. 磷酸己糖异构酶
   D. 烯醇化酶
   E. 丙酮酸激酶
5. 有关糖酵解的正确论述是
   A. 终产物为乳酸
   B. 催化反应的酶系存在于胞液中
   C. 通过氧化磷酸化生成ATP
   D. 全部反应是可逆的
   E. 葡萄糖或糖原都可进行酵解
6. 葡萄糖与甘油之间的代谢产物**不包括**
   A. 3-磷酸甘油酸
   B. 磷酸二羟丙酮
   C. 磷酸烯醇式丙酮酸
   D. 丙酮酸
   E. 乳酸
7. 丙酮酸脱氢酶复合体的辅助因子是
   A. FAD
   B. TPP
   C. NAD^+
   D. CoASH
   E. 硫辛酸
8. 三羧酸循环中的**不可逆**反应是
   A. 乙酰CoA+草酰乙酸→柠檬酸
   B. 异柠檬酸→α-酮戊二酸
   C. α-酮戊二酸→琥珀酰CoA
   D. 琥珀酰CoA→琥珀酸
   E. 延胡索酸→苹果酸
9. 三羧酸循环的关键酶是
   A. 柠檬酸合酶
   B. 异柠檬酸脱氢酶
   C. 苹果酸脱氢酶
   D. 延胡索酸酶
   E. α-酮戊二酸脱氢酶复合体
10. 丙酮酸在线粒体内氧化时，催化生成CO_2的酶是
   A. 苹果酸脱氢酶
   B. 丙酮酸脱氢酶复合体
   C. 异柠檬酸脱氢酶
   D. α-酮戊二酸脱氢酶复合体
   E. 延胡索酸酶
11. 在葡萄糖的有氧氧化中，通过底物水平磷酸化直接生成的高能化合物是
   A. TTP
   B. CTP
   C. ATP
   D. UTP
   E. GTP
12. 1分子丙酮酸进入三羧酸循环及呼吸链氧化时
   A. 生成3分子CO_2
   B. 生成5分子H_2O
   C. 生成12.5分子ATP
   D. 有5次脱氢，均通过NAD^+氧化呼吸链生成H_2O
   E. 全部反应在胞液及线粒体内进行
13. 关于三羧酸循环的正确论述是
   A. 循环中生成用于糖异生的产物
   B. 循环中生成可转变为氨基酸的中间产物
   C. 循环中生成的CO_2供机体生物合成的需要
   D. 循环中有的脱氢酶的辅酶是$NADP^+$
   E. 循环中有的脱氢酶的辅酶是FAD
14. 糖酵解和糖的有氧氧化都需要
   A. NAD^+
   B. ADP
   C. TPP
   D. 3-磷酸甘油醛脱氢酶
   E. $NADPH+H^+$

15. CO_2 是下列哪些酶催化反应中的产物或底物
A. 丙酮酸羧化酶
B. 异柠檬酸脱氢酶
C. 丙酮酸脱氢酶系
D. 磷酸烯醇式丙酮酸羧激酶
E. 3-磷酸甘油醛脱氢酶
16. 磷酸戊糖途径重要的生理功能是
A. 生成6-磷酸葡萄糖
B. 为脂肪酸的合成提供 $NADH+H^+$
C. 生成 $FADH_2$
D. 为胆固醇的合成提供 $NADPH+H^+$
E. 为核酸的合成提供5-磷酸核糖
17. 磷酸戊糖途径活跃的情况见于
A. 饥饿时
B. 氨基酸合成增强时
C. 脂肪酸合成增强时
D. 胆固醇合成增强时
E. 核酸合成增强时
18. 只在胞液中进行的糖代谢途径是
A. 糖酵解
B. 糖异生
C. 磷酸戊糖途径
D. 三羧酸循环
E. 糖原合成
19. 从葡萄糖合成糖原需要的核苷酸是
A. ATP
B. GTP
C. UTP
D. CTP
E. TTP
20. 糖原分解
A. 需要分支酶
B. 需要无机磷酸
C. 需要磷酸化酶
D. 中间产物包括1-磷酸葡萄糖
E. 产物是 UDP 葡萄糖
21. 糖异生的原料是
A. 乳酸
B. 生糖氨基酸
C. 丙酮酸
D. 甘油
E. 脂肪酸
22. 体内进行糖异生的器官是
A. 大脑
B. 肾
C. 肝
D. 肌肉
E. 骨髓
23. 对丙酮酸羧化支路的正确论述是
A. 是多种非糖物质异生为糖的必由之路
B. 先后由丙酮酸羧化酶和磷酸烯醇式丙酮酸羧激酶催化
C. 在胞液中进行
D. 是丙酮酸转变为磷酸烯醇式丙酮酸的过程
E. 是耗能过程
24. 糖异生的生理意义是
A. 维持血糖浓度恒定
B. 通过乳酸循环回收能量和防止酸中毒
C. 促进脂肪酸的氧化分解
D. 为氨基酸的合成提供原料
E. 饥饿时节约氨基酸在体内的分解代谢
25. 肝对血糖进行调节的方式是
A. 糖酵解
B. 糖的有氧氧化
C. 糖原分解
D. 糖原合成
E. 糖异生
26. 使血糖升高的激素是
A. 胰高血糖素
B. 肾上腺素
C. 胰岛素
D. 甲状旁腺素
E. 糖皮质激素

27. 胰岛素对糖代谢的调节方式包括
A. 促进糖的异生
B. 促进糖转变为脂肪
C. 增强细胞膜对葡萄糖的通透性
D. 促进糖原合成
E. 促进糖的氧化

28. 产生糖尿的原因有
A. 交感神经兴奋
B. 一次性进食大量糖
C. 胰岛素分泌不足
D. 肾糖阈下降
E. 肾上腺素分泌不足

三、填空题

1. 糖酵解途径的全部反应在细胞的________中进行。
2. 糖酵解途径的关键酶是________、________和________。
3. 在糖酵解途径中提供高能磷酸基团，使 ADP 磷酸化生成 ATP 的化合物是________和________。
4. 糖酵解途径中唯一一次脱氢反应由________催化，脱下的氢由________接受。
5. 糖酵解的终产物是________。
6. 1 分子葡萄糖经酵解可生成________分子 ATP，糖原的 1 个葡萄糖残基经酵解可生成________分子 ATP。
7. 丙酮酸脱氢酶复合体由________、________和________三种酶组成。
8. 丙酮酸脱氢酶复合体的辅助因子包括________、________、________和________。
9. 1 次三羧酸循环有________次脱氢反应和________次脱羧反应，三羧酸循环每循环一周可生成________分子 ATP。
10. 三羧酸循环的关键酶是________、________和________，其中最重要的是________。
11. 异柠檬酸氧化脱羧生成________，________氧化脱羧生成琥珀酰 CoA。
12. 1mol 葡萄糖氧化生成 CO_2 和 H_2O 时，净生成________或________ molATP。
13. 体内主要通过________途径生成核糖，它是________的组成成分。
14. 磷酸戊糖途径中有 2 次脱氢反应，分别由________和________催化，这两种酶的辅酶是________。
15. 磷酸戊糖途径的主要生理意义是生成________和________。
16. 糖原合成时葡萄糖的活性供体是________。
17. 糖原合酶的活性型是________，非活性型是________。
18. 糖原磷酸化酶有磷酸化的________和脱磷酸的________两种形式。
19. 肌肉不能直接补充血糖的原因是缺乏________。
20. 催化糖异生中丙酮酸羧化支路的酶是________和________。
21. 糖异生途径所需能量由高能磷酸化合物________和________供给。
22. 正常人空腹血糖浓度为________ mmol/L。
23. 降低血糖的激素为________，升高血糖的激素为________、________、________和________等。

四、名词解释

1. 糖酵解
2. 底物水平磷酸化
3. 糖的有氧氧化
4. 三羧酸循环
5. 糖原
6. 糖原合成
7. 肝糖原分解
8. 糖原累积症
9. 糖异生
10. 血糖
11. 乳酸循环

五、简答题

1. 哪些维生素参与了丙酮酸脱氢酶复合体的组成？举例说明 B 族维生素在代谢中的重要作用。
2. 简述磷酸戊糖途径的生理意义。
3. 简述草酰乙酸在糖代谢中的作用。
4. 糖异生的原料有哪些？糖异生有何生理意义？
5. 概述乳酸氧化供能的主要反应及关键酶。
6. 为什么肌糖原不能直接补充血糖？肌糖原如何转变为血糖？
7. 血糖浓度为什么能保持动态平衡？
8. 简述产生糖尿的原因。

六、论述题

1. 糖酵解分几个阶段？糖酵解有何生理意义？
2. 糖有氧氧化分几个阶段？糖有氧氧化有何生理意义？
3. 试述三羧酸循环的要点及生理意义。
4. 机体如何对糖原的合成和分解进行调节？
5. 试说明体内丙氨酸异生为葡萄糖的主要反应过程及其酶。
6. 总结 6-磷酸葡萄糖的代谢途径及其在糖代谢中的重要作用。
7. 糖代谢过程中生成的丙酮酸可进入哪些代谢途径？

参考答案

一、单项选择题

1. A	2. B	3. D	4. B	5. C	6. C	7. D	8. C
9. D	10. A	11. A	12. E	13. C	14. C	15. A	16. E
17. A	18. C	19. C	20. E	21. A	22. B	23. E	24. E
25. E	26. A	27. C	28. B	29. D	30. D	31. C	32. D
33. E	34. B	35. E	36. C	37. D	38. B	39. E	40. C
41. B	42. A	43. E	44. D	45. D	46. A	47. D	48. E

49. A　50. D　51. E　52. B　53. D　54. B　55. D　56. B
57. C　58. C　59. A　60. B

二、多项选择题

1. BE　2. ACD　3. BD　4. ABE　5. ABE　6. ACDE
7. ABCDE　8. ABC　9. ABE　10. BCD　11. CE　12. AC
13. ABE　14. ABD　15. BCD　16. BDE　17. CDE　18. ACE
19. AC　20. BCD　21. ABCD　22. BC　23. ABDE　24. ABE
25. CDE　26. ABE　27. BCDE　28. ABCD

三、填空题

1. 胞液
2. 己糖激酶　6-磷酸果糖激酶-1　丙酮酸激酶
3. 1，3二磷酸甘油酸　磷酸烯醇式丙酮酸
4. 3-磷酸甘油醛脱氢酶　NAD^+
5. 乳酸
6. 2　3
7. 丙酮酸脱氢酶　硫辛酸乙酰基转移酶　二氢硫辛酸脱氢酶
8. TPP　硫辛酸　FAD　NAD^+　CoASH
9. 4　2　10
10. 柠檬酸合酶　异柠檬酸脱氢酶　α-酮戊二酸脱氢酶复合体　异柠檬酸脱氢酶
11. α-酮戊二酸　α-酮戊二酸
12. 30　32
13. 磷酸戊糖　核苷酸
14. 6-磷酸葡萄糖脱氢酶　6-磷酸葡萄糖酸脱氢酶　$NADP^+$
15. $NADPH+H^+$　磷酸核糖
16. UDPG
17. 糖原合酶a　糖原合酶b
18. 磷酸化酶a　磷酸化酶b
19. 葡萄糖-6-磷酸酶
20. 丙酮酸羧化酶　磷酸烯醇式丙酮酸羧激酶
21. ATP　GTP
22. 3.89～6.11
23. 胰岛素　胰高血糖素　肾上腺素　糖皮质激素　生长素

四、名词解释

1. 糖酵解：在缺氧情况下，葡萄糖生成乳酸的过程。
2. 底物水平磷酸化：ADP或其他核苷二磷酸的磷酸化作用与高能化合物的放能水解作用直接相偶联的反应过程。

3. 糖的有氧氧化：葡萄糖在有氧条件下彻底氧化成水和二氧化碳的反应过程。
4. 三羧酸循环：一组循环反应，是大多数活细胞的中心代谢途径的核心。由于此循环的第一个中间产物是含三个羧基的柠檬酸，故称为三羧酸循环。
5. 糖原：动物体内糖的贮存形式，是可以迅速动用的糖的储备。
6. 糖原合成：由单糖（主要是葡萄糖）合成糖原的过程。
7. 肝糖原分解：指肝糖原分解为葡萄糖的过程。
8. 糖原累积症：由于先天性缺乏与糖原代谢有关的酶类，使体内某些器官组织中有大量糖原堆积的一类遗传性代谢病。
9. 糖异生：由非糖化合物（乳酸、甘油、生糖氨基酸等）转变为葡萄糖或糖原的过程。
10. 血糖：血液中的葡萄糖称为血糖。
11. 乳酸循环：肌肉内糖酵解产生的乳酸弥散入血后进入肝脏，在肝内异生为葡萄糖。葡萄糖释放入血后，又可被肌肉摄取，这样构成的循环称为乳酸循环。

五、简答题

1. 参与丙酮酸脱氢酶复合体组成的维生素包括：维生素 B_1、维生素 B_2、维生素 PP、泛酸等。

   如果 B 族维生素缺乏，必然会影响丙酮酸脱氢酶复合体的活性，进而影响丙酮酸的氧化脱羧反应。如维生素 B_1 缺乏时，体内 TPP 含量减少，丙酮酸氧化脱羧受阻，使糖代谢发生障碍，直接影响能量及 $NADPH+H^+$ 的供应，加之丙酮酸积聚可使细胞受到毒害，导致神经组织传导障碍，甚至发生严重的神经肌肉症状。
2. ① 提供 5-磷酸核糖，为体内合成核苷酸及进一步合成核酸提供原料。

   ② 此途径生成的 $NADPH+H^+$ 作为供氢体参与体内多种代谢反应。如参与脂肪酸、胆固醇等物质的合成；作为谷胱甘肽还原酶的辅酶，为 G-S-S-G 还原成 G-SH 提供氢原子；参与药物及毒物的生物转化等。
3. 草酰乙酸在葡萄糖的氧化分解及糖异生中起非常重要的作用。

   ① 草酰乙酸是三羧酸循环的起始物，糖氧化生成的乙酰 CoA 必须首先与草酰乙酸缩合成柠檬酸，才能彻底氧化。

   ② 草酰乙酸作为糖异生的原料，可循糖异生途径异生为糖。

   ③ 草酰乙酸是糖异生的中间产物，丙酮酸、乳酸及生糖氨基酸等糖异生的原料必须转变为草酰乙酸后再异生成糖。
4. 糖异生的原料包括丙酮酸、乳酸、甘油、生糖氨基酸等。

   糖异生作用最重要的生理意义是：① 在饥饿或空腹状态下保持血糖浓度的相对恒定。② 通过乳酸循环，对乳酸的再利用、肝糖原的更新、补充肌肉消耗的糖及防止乳酸酸中毒都有重要意义。③ 调节机体酸碱平衡。
5. 乳酸经乳酸脱氢酶的催化生成丙酮酸和 $NADH+H^+$。丙酮酸经丙酮酸脱氢酶复合体的催化生成乙酰 CoA、$NADH+H^+$ 和 CO_2。乙酰 CoA 进入三羧酸循环经 4 次脱氢、2 次脱羧，生成 3 分子 $NADH+H^+$、1 分子 $FADH_2$ 和 2 分子 CO_2。

   关键酶包括：丙酮酸脱氢酶复合体、柠檬酸合酶、异柠檬酸脱氢酶、α-酮戊二酸脱氢酶复合体。

6. 肌肉中缺乏糖原分解所需的葡萄糖-6-磷酸酶，所以肌糖原不能分解为葡萄糖。肌糖原分解为6-磷酸葡萄糖后，经酵解途径产生乳酸。大部分乳酸由血液运至肝脏，通过糖异生作用生成肝糖原或葡萄糖，并将葡萄糖释放入血以补充血糖。
7. 血糖浓度的相对恒定依赖于体内血糖的来源和去路之间的动态平衡。
   血糖的来源：① 食物中的糖经消化吸收进入血中。② 肝糖原的分解。③ 糖异生作用。④ 果糖、半乳糖等其他单糖可转变为葡萄糖，以补充血糖。
   血糖的去路：① 葡萄糖在组织中氧化分解供能。② 葡萄糖在肝、肌肉等组织中合成糖原。③ 转变为脂肪、非必需氨基酸等非糖物质。④ 转变为其他糖及其衍生物。⑤ 当血糖浓度超过了肾糖阈，葡萄糖可从尿中排出。
8. ① 生理情况下，如情绪激动或一次性食入大量的糖，血糖急剧升高。当血糖浓度超过肾糖阈时，葡萄糖从尿中排出，可出现糖尿。
   ② 持续性高血糖和糖尿主要见于糖尿病患者。
   ③ 某些肾脏疾患时，肾对糖的重吸收障碍，也可出现糖尿。

六、论述题

1. 糖酵解分为三个阶段。第一阶段是葡萄糖或糖原分子中的葡萄糖残基转变为1，6-二磷酸果糖；第二阶段为1，6-二磷酸果糖转变为丙酮酸；第三阶段为丙酮酸还原为乳酸。
   糖酵解最主要的生理意义在于迅速为机体提供能量。1分子葡萄糖经酵解净生成2分子ATP，糖原分子中的1分子葡萄糖残基经酵解净生成3分子ATP，这对于某些组织及一些特殊情况下组织的供能有重要的生理意义。如成熟红细胞完全依靠糖酵解获取能量；机体在进行剧烈或长时间运动时，骨骼肌处于相对缺氧状态，所需能量主要通过糖酵解获得；神经、白细胞、骨髓等代谢极为活跃，即使不缺氧也常由糖酵解提供部分能量。
2. 糖有氧氧化分为三个阶段。第一阶段为循糖酵解途径分解为丙酮酸；第二阶段为丙酮酸进入线粒体氧化脱羧生成乙酰CoA；第三阶段为乙酰CoA经三羧酸循环彻底氧化。
   糖有氧氧化最重要的生理意义是氧化供能。1mol葡萄糖彻底氧化成CO_2和H_2O时，净生成30或32mol的ATP。在一般生理条件下，机体绝大多数组织细胞皆从糖的有氧氧化中获取能量。
3. 三羧酸循环的主要特点为：① 三羧酸循环在线粒体内进行，每循环一次消耗掉1个乙酰基。② 循环中有4次脱氢、2次脱羧及1次底物水平磷酸化。③ 三羧酸循环中有3步不可逆反应，催化这3步不可逆反应的酶分别是柠檬酸合酶、异柠檬酸脱氢酶、α-酮戊二酸脱氢酶复合体。这3种酶即是三羧酸循环的关键酶。④ 三羧酸循环每循环一次可生成10分子ATP。⑤ 三羧酸循环的中间产物包括草酰乙酸在内起着催化剂的作用，这些中间产物可因参与其他代谢反应而被消耗，因此需不断的更新和补充。如草酰乙酸的补充主要来自丙酮酸的直接羧化或通过苹果酸脱氢生成。
   三羧酸循环的生理意义为：① 三羧酸循环是三大营养物质分解代谢的共同途径。② 三羧酸循环是三大营养物质代谢联系的枢纽。③ 三羧酸循环可为其它合成代谢提供小分子前体。
4. 糖原合成和分解的关键酶分别是糖原合酶和磷酸化酶。
   磷酸化酶有a、b两型。磷酸化酶b激酶催化磷酸化酶b磷酸化为有活性的磷酸化酶a；

磷蛋白磷酸酶则水解磷酸化酶 a 的磷酸基，使其转变为失活的磷酸化酶 b。

糖原合酶亦有 a、b 两型。糖原合酶 b 可经磷酸酶的催化脱去磷酸生成有活性的糖原合酶 a，而糖原合酶 a 经依赖 cAMP 的蛋白激酶磷酸化成失活的糖原合酶 b。

蛋白激酶、磷酸化酶 b 激酶等的活性都受同一信号（如肾上腺素）的控制。机体利用通过同一信号使一种酶处于活性状态、另一种酶处于失活状态这种调节方式，可对糖原分解、合成两条途径进行精细调节，以免造成 ATP 的浪费。

5. ① 丙氨酸先经丙氨酸氨基移换酶催化生成丙酮酸。

② 丙酮酸在线粒体内经丙酮酸羧化酶催化生成草酰乙酸。但草酰乙酸不能通过线粒体内膜，需经苹果酸脱氢酶催化生成苹果酸后到线粒体外。

③ 在胞液中，苹果酸经苹果酸脱氢酶催化再转变为草酰乙酸，后者在磷酸烯醇式丙酮酸羧激酶的催化下，转变为磷酸烯醇式丙酮酸。

④ 磷酸烯醇式丙酮酸循糖酵解的逆反应至转变为 1，6-二磷酸果糖。

⑤ 1，6-二磷酸果糖经果糖双磷酸酶催化生成 6-磷酸果糖，再经磷酸己糖异构酶的催化转变为 6-磷酸葡萄糖。

⑥ 6-磷酸葡萄糖在葡萄糖-6-磷酸酶的催化下生成葡萄糖。

6. 在糖的各种氧化途径中，包括糖酵解、糖的有氧氧化、磷酸戊糖途径、糖原的合成与分解、糖异生途径等均有 6-磷酸葡萄糖的生成。如葡萄糖经己糖激酶或葡萄糖激酶催化生成 6-磷酸葡萄糖，可进入糖酵解和有氧氧化途径；糖原分解产生的 1-磷酸葡萄糖需转变为 6-磷酸葡萄糖后进一步分解；通过变位酶的催化，6-磷酸葡萄糖转变为 1-磷酸葡萄糖，进而合成糖原；6-磷酸葡萄糖在 6-磷酸葡萄糖脱氢酶的作用下，进入磷酸戊糖途径；非糖物质异生为葡萄糖或糖原时，生成的 6-磷酸果糖也需异构为 6-磷酸葡萄糖后，再转变为葡萄糖。

由此可见，6-磷酸葡萄糖是糖代谢各个途径的交叉点，是各代谢途径的共同的中间产物。如 6-磷酸葡萄糖生成减少，上述各代谢途径即不能顺利进行。

7. ① 在供氧不足时，丙酮酸经乳酸脱氢酶催化，还原为乳酸。

② 在氧供应充足时，丙酮酸进入线粒体，经丙酮酸脱氢酶复合体的催化，氧化脱羧生成乙酰 CoA。乙酰 CoA 进入三羧酸循环，彻底氧化成 CO_2 和 H_2O。循环中产生的还原当量经氧化磷酸化产生大量的 ATP。

③ 作为糖异生的原料，丙酮酸可经糖异生途径异生为糖。

④ 在线粒体内，丙酮酸经丙酮酸羧化酶催化生成草酰乙酸，草酰乙酸与乙酰 CoA 缩合成柠檬酸，可促进乙酰 CoA 进入三羧酸循环彻底氧化。

⑤ 在④中生成的柠檬酸也可到线粒体外，经柠檬酸裂解酶的催化生成乙酰 CoA，乙酰 CoA 可作为合成脂肪酸、胆固醇的原料。

⑥ 丙酮酸可经还原氨基化生成丙氨酸。

（河北工程大学 张瑞萍 张 园）

第五章 脂类代谢

重点解析

一、脂类的组成、分布及生理功用

脂类包括脂肪及类脂。脂肪即甘油三酯，由 1 分子甘油与 3 分子脂肪酸组成，其主要生理功能是储能和氧化供能；类脂主要包括磷脂、糖脂、胆固醇及其酯，是构成生物膜的主要成分。机体内脂肪酸有饱和脂肪酸和不饱和脂肪酸。多数脂肪酸在人体内能合成，只有不饱和脂肪酸中的亚油酸、亚麻酸和花生四烯酸在体内不能合成，必须从植物油中摄取，这类脂肪酸称为人体必需脂肪酸。

二、脂类的消化和吸收

食物中的脂类在胆汁酸盐、胰脂酶、胆固醇酯酶、磷脂酶 A_2 和辅脂酶等的共同作用下，被水解为甘油一酯、脂肪酸、甘油、胆固醇及溶血磷脂等，短链（2～4C）及中链脂肪酸（6～10C）构成的甘油三酯直接被小肠黏膜细胞吸收后，水解为脂肪酸和甘油，通过门静脉进入血循环。长链脂肪酸被吸收后，在小肠黏膜细胞中，重新酯化成甘油三酯，然后与载脂蛋白、磷脂、胆固醇结合成乳糜微粒，经淋巴管进入血液循环。

三、甘油三酯的分解代谢

甘油三酯分解代谢始于脂肪动员。储存在脂肪组织中的甘油三酯，被脂肪酶逐步水解为游离脂肪酸和甘油，并释放入血以供其他组织氧化利用的过程，称为脂肪动员。脂肪细胞中含有的脂肪酶包括甘油三酯脂肪酶、甘油二酯脂肪酶和甘油一酯脂肪酶，其中甘油三酯脂肪酶是甘油三酯水解的限速酶，它受多种激素的调节，又称激素敏感性脂肪酶，肾上腺素、去甲肾上腺素、胰高血糖素及促肾上腺皮质激素等能激活此酶，促进脂肪动员，称为脂解激素；而胰岛素则抑制该酶的活性，从而抑制脂肪分解，称为抗脂解激素。

脂肪动员产生甘油和游离脂肪酸。甘油在肝、肾等组织中，经甘油激酶催化生成 α-磷酸甘油，再转变成磷酸二羟丙酮后，循糖分解代谢途径彻底氧化分解生成 CO_2 和 H_2O 并释放能量，或经糖异生途径转变为葡萄糖或糖原。

游离脂肪酸氧化的主要方式为 β-氧化。在胞浆中，脂肪酸首先活化成脂酰 CoA；然后经线粒体膜的肉碱脂酰转移酶Ⅰ（CATⅠ）、转位酶和 CATⅡ的催化，以肉碱为载体，由胞浆进入线粒体，CATⅠ是脂肪酸氧化的限速酶；脂酰 CoA 在脂肪酸 β-氧化酶系催化下，从脂酰基的 β-碳原子上开始，经脱氢、加水、再脱氢、硫解 4 个连续反应步骤，生成 1 分子乙酰 CoA 和 1 分子比原来少 2 个碳原子的脂酰 CoA。后者再进行又一次 β-氧化，如此反复进行，直至脂酰 CoA 完全氧化为乙酰 CoA。β-氧化的终产物是乙酰 CoA。乙酰 CoA 经三羧酸循环被彻底氧化供能。1分子软脂酸彻底氧化净生成106分子ATP。

酮体是肝分解氧化脂肪酸时特有的中间代谢物，包括乙酰乙酸、β-羟丁酸和丙酮。酮体生成的部位是肝细胞线粒体，合成原料为乙酰CoA，肝细胞因含有活性较强的合成酮体的酶系，β-氧化生成的乙酰CoA大部分用来合成酮体。其合成过程中的限速酶是β-羟-β-甲基戊二酸单酰CoA合酶（HMG-CoA合酶）。肝能生成酮体，但缺乏氧化、利用酮体的酶系，故生成的酮体不能在肝中氧化，必须通过细胞膜进入血液循环，运往肝外组织被氧化利用。在长期饥饿及糖供应不足时，酮体将替代葡萄糖成为脑组织的主要能源。

四、甘油三酯的合成代谢

体内许多组织都可以合成甘油三酯，但最主要合成部位是肝和脂肪组织。甘油三酯的合成以脂酰CoA和α-磷酸甘油为原料，其合成过程包括3个部分，即脂肪酸的合成；α-磷酸甘油的合成；甘油三酯的合成。

脂肪酸的合成是在胞浆中脂肪酸合成酶系的催化下，以乙酰CoA为原料，$NADPH+H^+$为供氢体，在HCO_3^-（CO_2）、Mn^{2+}、ATP和生物素等的参与下缩合而成的。肝、肾、脑、肺、乳腺及脂肪等组织均能合成脂肪酸，其中以肝合成能力最强。线粒体中乙酰CoA通过柠檬酸-丙酮酸循环机制转运至胞浆，在乙酰CoA羧化酶作用下，羧化成丙二酸单酰CoA，乙酰CoA羧化酶是脂肪酸合成的限速酶。1分子乙酰CoA与7分子丙二酸单酰CoA在脂肪酸合成酶系的催化下，依次重复进行缩合、加氢、脱水和再加氢，每重复一次使碳链延长2个碳原子，最后形成16碳的软脂酸。脂肪酸合成酶系是一种具有7种酶功能的多功能酶，可连续催化脂肪酸的合成。人体内的脂肪酸，其碳链长短不同，饱和度也不同，在肝细胞的线粒体和内质网内，以16碳的软脂酸为母体，通过碳链的延长、缩短以及脱饱和作用，形成体内碳链长短不同、饱和度不同的脂肪酸。脂肪酸合成与β-氧化的不同之处主要有四个方面：① 脂肪酸合成在胞浆中进行，氧化在线粒体基质中。② 酶系不同：脂肪酸合成酶系是一种多功能酶，可连续催化脂肪酸的合成。③ 原料和产物不同：脂肪酸合成的原料为乙酰CoA，产物为16碳的软脂酸。氧化的原料为脂酰CoA，产物为乙酰CoA。④ 氧化或还原反应中的供氢体和受氢体不同：脂肪酸合成过程中的加氢还原由$NADPH+H^+$供氢，而β-氧化两次脱下的氢分别由FAD和NAD^+携带。

α-磷酸甘油来源有两条途径：① 细胞内甘油再利用。甘油三酯分解产生的甘油，在甘油磷酸激酶催化下活化形成α-磷酸甘油。在肌肉和脂肪组织中甘油磷酸激酶活性很低，故不能直接利用甘油合成α-磷酸甘油。② 来自葡萄糖。葡萄糖循糖酵解途径的中间产物磷酸二羟丙酮，经α-磷酸甘油脱氢酶催化还原生成α-磷酸甘油，这是α-磷酸甘油的主要来源。

甘油三酯最主要合成部位是肝和脂肪组织。在α-磷酸甘油脂酰基转移酶催化下，1分子α-磷酸甘油与2分子脂酰CoA合成磷脂酸；然后经脱磷酸及再酯化即可合成甘油三酯。α-磷酸甘油脂酰基转移酶是甘油三酯合成的限速酶。

五、磷脂代谢

磷脂分为甘油磷脂和鞘磷脂两大类，其中甘油磷脂含量最多。人体各组织细胞内质网均能合成甘油磷脂，但以肝、肾及肠等组织最为活跃。甘油磷脂的合成是以磷脂酸为前体，需CTP参与。卵磷脂和脑磷脂合成的特点是合成过程中分别产生活化的CDP-胆碱和CDP-乙醇胺中间代谢物，它们是胆碱及乙醇胺的活性供体。生物体内存在不同的磷脂酶（A_1、A_2、B_1、C、D），它们分别催化水解甘油磷脂中不同的酯键，使磷脂分解成不同产物。其中磷脂酶 A_1、A_2的水解产物为溶血磷脂和脂肪酸。

六、胆固醇的代谢

人体所需胆固醇除由食物供给外，主要是体内合成，肝脏是合成胆固醇最主要的场所。胆固醇的合成过程在胞液及内质网中进行，其合成以乙酰 CoA 为原料，先缩合成 HMG-CoA，后者经 HMG-CoA 还原酶的催化，生成甲基二羟戊酸（MVA），然后再在多种酶的作用下，经多步反应最终生成胆固醇。合成 1 分子胆固醇需 18 分子乙酰 CoA、16 分子 $NADPH+H^+$ 及 36 分子 ATP。HMG-CoA 还原酶是胆固醇合成的限速酶。胆固醇在体内可转变成胆汁酸、类固醇激素和维生素 D_3。胆固醇在肝中转变为胆汁酸是胆固醇在体内的主要代谢去路。

七、血脂与血浆脂蛋白

血脂是血浆中脂类物质的总称，包括游离胆固醇（FC）、胆固醇酯（CE）、甘油三酯（TG）、磷脂（PL）、游离脂肪酸（FFA）等，其中胆固醇包括 CE 和 FC，称为总胆固醇（TC）。脂类难溶于水，在血浆中均以脂蛋白形式存在。用超速离心法可将血浆脂蛋白分为乳糜微粒（CM）、极低密度脂蛋白（VLDL）、低密度脂蛋白（LDL）和高密度脂蛋白（HDL）等四大类，这四类脂蛋白的密度依次增加，颗粒直径则依次变小。用电泳法可将血清脂蛋白分为乳糜微粒、β-脂蛋白、前β-脂蛋白和α-脂蛋白四种，分别相当于超速离心法中分离出的 CM、LDL、VLDL 和 HDL。

脂蛋白中的蛋白质部分称为载脂蛋白。载脂蛋白可激活或抑制某些与脂蛋白代谢有关的酶类；构成并稳定脂蛋白的结构；以配体形式与脂蛋白受体识别并结合，参与脂蛋白代谢。

参与脂蛋白代谢的酶类主要有降解 TG 的脂蛋白脂肪酶（LPL）、肝脂酶（HTGL），参与胆固醇酯化和胆固醇合成的卵磷脂胆固醇脂酰转移酶（LCAT）、脂酰 CoA-胆固醇脂酰转移酶（ACAT）、HMGCoA 还原酶，以及参与 HDL 与 LDL、VLDL 之间 CE 交换的特殊蛋白质-胆固醇酯转移蛋白（CETP）。

CM 合成于小肠黏膜细胞，其主要作用是将外源性 TG（来源于食物）从小肠运送至肝外组织供利用，是运输外源性 TG 的主要形式。VLDL 主要由肝细胞合成，其作用是将肝合成的内源性 TG 运输到脂肪及全身各组织，是运输内源性 TG 的主要形式。LDL 是在血浆中由 VLDL 转变而来，含较多胆固醇，主要将肝合成的内源性胆固醇转运至肝外组织，是转运内源性胆固醇的主要形式。LDL 是正常成人空腹血浆中主要的脂蛋白，血浆 LDL 含量增高的人，易诱发动脉粥样硬化。HDL 主要由肝和小肠合成，它的主要功能是将胆固醇从肝外组织转运到肝脏进行代谢，这种将胆固醇从肝外向肝内转运的过程，称为胆固醇的逆向转运。HDL 水平升高有利于促进外周组织移除胆固醇，防止动脉粥样硬化的发生。

高脂血症是指血浆中一种或几种脂质高于正常参考值上限，主要表现为 TC 或/和 TG 水平升高。一般以成人空腹 12～14h 血浆甘油三酯超过 1.7mmol/L，胆固醇超过 5.7mmol/L 为标准。由于血脂在血浆中以脂蛋白形式存在，故高脂血症是高脂蛋白血症的反映。脂蛋白代谢紊乱主要表现为高脂蛋白血症。基于血浆脂蛋白及血脂的改变，高脂蛋白血症可分为六型，其中以Ⅳ型高脂蛋白血症（高甘油三酯血症）和Ⅱ型高脂蛋白血症（高胆固醇血症）在临床上常见。

测 试 题

一、单项选择题

［在备选答案中只有一个是正确的］

1. 脂肪动员的限速酶是
   A. 甘油二酯脂肪酶
   B. 脂蛋白脂肪酶
   C. 肝脂酶
   D. 胰脂酶
   E. 激素敏感性脂肪酶
2. 能促进脂肪动员的激素是
   A. 甲状腺素
   B. 肾上腺素
   C. 胰高血糖素
   D. 促肾上腺皮质激素
   E. 以上都是
3. 下列激素具有抗脂解作用的是
   A. 肾上腺素
   B. 胰高血糖素
   C. 促肾上腺皮质激素
   D. 胰岛素
   E. 去甲肾上腺素
4. 下列关于脂肪酸活化的叙述不正确的是
   A. 脂酰 CoA 是脂肪酸活化形式
   B. 活化需要 ATP
   C. 活化发生在胞浆
   D. 活化是脂肪酸氧化的必要步骤
   E. 活化发生在线粒体内
5. 脂肪酸合成时所需的氢来自
   A. $NADH+H^+$
   B. $FMNH_2$
   C. $FADH_2$
   D. $NADPH+H^+$
   E. $CoQH_2$
6. 长链脂酰 CoA 进入线粒体氧化的限速因素是
   A. 脂酰 CoA 合成酶的活性
   B. 细胞内 ATP 的水平
   C. 脂酰 CoA 脱氢酶的活性
   D. 肉碱脂酰转移酶 I 的活性
   E. 脂酰 CoA 的含量
7. 脂肪酸合成的限速酶是
   A. 乙酰 CoA 羧化酶
   B. 脂酰 CoA 合成酶
   C. 肉碱脂酰转移酶 I
   D. 肉碱脂酰转移酶 II
   E. HMG－CoA 合酶
8. 下列化合物中不参与脂肪酸氧化过程的是
   A. 肉碱
   B. NAD^+
   C. FAD
   D. $NADP^+$
   E. HSCoA
9. 下列关于脂肪酸 β-氧化的叙述不正确的是
   A. 脂肪酸需要活化
   B. 脂肪酸 β-氧化的限速酶是肉碱脂酰转移酶 I
   C. 线粒体是脂肪酸 β-氧化的场所
   D. 氧化过程中需要 NADPH 参与
   E. 氧化过程中需要 FAD 参与
10. 胞液中脂肪酸合成酶系催化合成的脂肪酸碳链最长至
    A. 12 碳
    B. 14 碳

C. 16 碳

D. 18 碳

E. 20 碳

11. 在脂肪酸β-氧化中，以FAD为辅基的酶是

A. 脂酰CoA脱氢酶

B. β-羟脂酰CoA脱氢酶

C. β-酮脂酰CoA脱氢酶

D. α，β-烯脂酰CoA脱氢酶

E. 以上都不是

12. 合成脂肪酸的原料乙酰CoA从线粒体转运至胞液的途径是

A. 三羧酸循环

B. 苹果酸穿梭作用

C. α-磷酸甘油穿梭作用

D. 柠檬酸-丙酮酸循环

E. 葡萄糖-丙氨酸循环

13. 下列关于酮体生成的叙述正确的是

A. 肝脏中有活性很强的生成酮体的酶及利用酮体的酶

B. 酮体生成的限速酶是HMG-CoA合酶

C. 酮体的生成主要在肝细胞胞浆中进行

D. HMG-CoA是酮体生成的终产物

E. 肝内生成的酮体主要为肝细胞本身利用

14. 下列化合物中与甘油三酯合成无关的是

A. α-磷酸甘油

B. 磷脂酸

C. 脂酰CoA

D. 甘油二酯

E. CDP-甘油二酯

15. 脂肪大量动员时肝内生成的乙酰CoA主要转变为

A. 酮体

B. 胆固醇

C. 脂肪酸

D. 葡萄糖

E. 丙二酸单酰CoA

16. 脂肪酸β-氧化的限速酶是

A. 肉碱脂酰转移酶Ⅰ

B. 肉碱脂酰转移酶Ⅱ

C. 脂酰CoA脱氢酶

D. β-羟脂酰CoA脱氢酶

E. 脂酰CoA合成酶

17. 酮体生成的原料乙酰CoA主要来自

A. 由氨基酸转变而来

B. 糖代谢

C. 甘油氧化

D. 脂肪酸的β-氧化

E. 以上都不对

18. 下列有关酮体的叙述中错误的是

A. 酮体是脂肪酸在肝中氧化的中间产物

B. 糖尿病时可引起血酮体增高

C. 饥饿时酮体生成减少

D. 酮体可以从尿中排出

E. 酮体包括丙酮、乙酰乙酸和β-羟丁酸

19. 酮体不能在肝中氧化的主要原因是肝中缺乏

A. HMG-CoA合酶

B. HMG-CoA还原酶

C. HMG-CoA裂解酶

D. 乙酰乙酰CoA硫解酶

E. 琥珀酰CoA转硫酶

20. 乙酰CoA羧化形成丙二酸单酰CoA需要下列哪种辅助因子

A. 四氢叶酸

B. 辅酶A

C. 维生素B_2

D. 焦磷酸硫胺素

E. 生物素

21. 卵磷脂含有的成分为

A. 脂肪酸、甘油、磷酸、乙醇胺

B. 磷酸、脂肪酸、丝氨酸、甘油

C. 脂肪酸、磷酸、胆碱、甘油

D. 脂肪酸、磷酸、胆碱
E. 脂肪酸、磷酸、甘油

22. 合成脑磷脂时需下列哪一种氨基酸参与
A. 赖氨酸
B. 半胱氨酸
C. 丝氨酸
D. 谷氨酸
E. 酪氨酸

23. 卵磷脂经磷脂酶 A_2 作用后的产物是
A. 溶血磷脂酸、脂肪酸和胆碱
B. 甘油、脂肪酸和磷酸胆碱
C. 甘油二酯和磷酸胆碱
D. 磷脂酸和胆碱
E. 溶血磷脂酰胆碱和脂肪酸

24. 在磷脂酰胆碱合成过程中不需要
A. 甘油二酯
B. 丝氨酸
C. ATP 和 CTP
D. $NADPH+H^+$
E. S-腺苷蛋氨酸

25. 胆固醇合成过程中的限速酶是
A. HMG-CoA 合酶
B. HMG-CoA 裂解酶
C. HMG-CoA 还原酶
D. 鲨烯合酶
E. 鲨烯环化酶

26. 细胞内催化脂酰基转移至胆固醇生成胆固醇酯的酶是
A. LCAT
B. ACAT
C. CATⅠ
D. CATⅡ
E. LDH

27. 胆固醇在体内代谢的主要去路是转变成
A. 胆固醇酯
B. 胆汁酸
C. 类固醇激素
D. 维生素 D_3
E. 胆红素

28. 体内合成胆固醇的原料是
A. 乙酰乙酰 CoA
B. 乙酰 CoA
C. 苹果酸
D. 丙酮酸
E. α-磷酸甘油

29. 不能氧化利用脂肪酸的组织是
A. 肾脏
B. 肝脏
C. 心肌
D. 脑组织
E. 骨骼肌

30. 卵磷脂合成时产生的活化中间产物是
A. ADP-胆碱
B. GDP-胆碱
C. CDP-胆碱
D. UDP-胆碱
E. TDP-胆碱

31. 肝产生过多酮体主要是由于
A. 肝功能障碍
B. 肝中甘油三酯代谢紊乱
C. 酮体是病理性代谢产物
D. 甘油三酯摄入过多
E. 糖供应不足或利用障碍

32. CM 中甘油三酯分解为脂肪酸和甘油需要的酶和载脂蛋白是
A. LCAT + ApoCⅠ
B. LPL + ApoCⅡ
C. LPL + ApoCⅠ
D. LCAT + ApoCⅡ
E. LCAT + ApoAⅠ

33. 下列各种脂蛋白中，密度最高的是
A. CM
B. VLDL
C. IDL
D. LDL
E. HDL

34. 电泳法分离血浆脂蛋白时，从负极到正极依次排列的顺序是

A. VLDL→LDL→HDL→CM
B. LDL→HDL→VLDL→CM
C. HDL→VLDL→LDL→CM
D. CM→LDL→VLDL→HDL
E. HDL→LDL→VLDL→CM

35. 下列血浆脂蛋白密度由高到低的正确顺序是
A. VLDL、IDL、LDL、CM
B. CM、VLDL、IDL、LDL
C. LDL、IDL、VLDL、CM
D. VLDL、LDL、IDL 、CM
E. HDL、VLDL、IDL、CM

36. 下列各种脂蛋白中，TG 含量最高的是
A. CM
B. VLDL
C. IDL
D. LDL
E. HDL

37. 下列各种脂蛋白中，参与运输外源性 TG 的是
A. CM
B. VLDL
C. IDL
D. LDL
E. HDL

38. 下列各种脂蛋白中，参与运输内源性 TG 的是
A. CM
B. VLDL
C. IDL
D. LDL
E. HDL

39. 下列哪种脂蛋白参与胆固醇的逆向转运
A. CM
B. VLDL
C. IDL
D. LDL
E. HDL

40. 前β-脂蛋白与下列哪种脂蛋白相对应
A. CM
B. VLDL
C. IDL
D. LDL
E. HDL

41. ApoB48 存在于下列哪种脂蛋白中
A. CM
B. VLDL
C. IDL
D. LDL
E. HDL

42. 下列关于载脂蛋白功能的叙述错误的是
A. 与脂类结合，在血浆中转运脂类
B. ApoAⅠ能激活 LCAT
C. ApoB100 能辨认细胞膜上的 LDL 受体
D. ApoCⅢ能激活脂蛋白脂肪酶
E. ApoCⅡ能激活 LPL

43. 下列哪种脂蛋白被认为具有抗动脉粥样硬化作用
A. CM
B. VLDL
C. IDL
D. LDL
E. HDL

44. Ⅴ型高脂蛋白血症患者，血浆中哪种脂蛋白浓度增加
A. CM
B. VLDL
C. LDL
D. HDL
E. CM 及 VLDL 均升高

45. Ⅱa 型高脂蛋白血症患者，血浆中哪种脂蛋白浓度增加
A. CM
B. VLDL
C. IDL
D. LDL
E. HDL

二、多项选择题

[在备选答案中有两个或两个以上是正确的，错选或未选全均不给分]

1. 下列关于脂类的叙述正确的是
   A. 它们易溶于有机溶剂
   B. 它们仅含有 C、H、O 三种元素
   C. 脂肪是细胞内的一种能源
   D. 磷脂是生物膜的主要组成成分
   E. 它们都不含有亲水的极性基团
2. 能促进脂肪动员的激素有
   A. 肾上腺素
   B. 胰高血糖素
   C. 去甲肾上腺素
   D. 促肾上腺皮质激素
   E. 胰岛素
3. 下列关于脂类的生理功能叙述正确的是
   A. 可参与遗传信息的传递
   B. 是体内很好的储能方式
   C. 细胞内的能源物质
   D. 是细胞膜的结构成分
   E. 可转变成维生素 A
4. 脂肪酸在体内的主要代谢去路有
   A. 氧化分解供能
   B. 转变成糖
   C. 碳链进一步改造变成新的脂肪酸
   D. 合成甘油三酯
   E. 转变成部分氨基酸
5. 下列关于脂肪动员的叙述正确的是
   A. 是把脂肪转变成葡萄糖以升高血糖
   B. 利用的是脂肪细胞中储存的脂肪
   C. 需要消耗 ATP
   D. 受多种激素调节控制
   E. 其水解产物脂肪酸在血中的运输需清蛋白做载体
6. 下列脂肪酸中属于必需脂肪酸的是
   A. 软脂酸
   B. 油酸
   C. 亚油酸
   D. 亚麻酸
   E. 硬脂酸
7. 下列关于脂肪酸活化的叙述正确的是
   A. 脂肪酸活化时需要 NADPH 供氢
   B. 脂肪酸活化在胞浆中进行
   C. 脂肪酸活化时需要 ATP 供能
   D. 脂肪酸活化时需要肉碱参加
   E. 脂肪酸活化在线粒体基质中进行
8. 下列关于酮体的叙述正确的是
   A. 酮体在肝脏生成，在肝外利用
   B. 胰岛素可降低血糖，因而可使血中酮体增加
   C. 酮体水溶性比脂肪酸大
   D. 血中酮体过多，可引起酸中毒
   E. 酮体是有害物质必须彻底清除
9. 酮体包括
   A. 乙酰乙酰 CoA
   B. β-羟丁酸
   C. 丙酮
   D. 丙酮酸
   E. 乙酰乙酸
10. 下列物质经代谢可转变生成乙酰 CoA 的是
   A. 酮体
   B. 脂肪酸
   C. 胆固醇
   D. 维生素 D_3
   E. 葡萄糖
11. 酮体在肝外组织中氧化需要
   A. 乙酰乙酸硫激酶
   B. 乙酰乙酸转硫酶
   C. 乙酰 CoA 羧化酶
   D. 琥珀酰 CoA 硫激酶
   E. 琥珀酰 CoA 转硫酶
12. 下列关于脂肪酸氧化分解叙述正确的是
   A. 脂肪酸 β-氧化的部位是在线粒体
   B. 脂肪酸活化时消耗了 2 个高能磷酸

键的能量
C. 脂肪酸彻底氧化的产物是乙酰 CoA
D. 脂肪酸氧化时的受氢体是 NAD^+ 和 FAD
E. 脂肪酸氧化的限速酶是肉碱脂酰转移酶 Ⅰ

13. 葡萄糖、脂肪酸的彻底氧化过程中均可产生
A. 乙酰 CoA
B. 丙酮酸
C. $NADPH+H^+$
D. $NADH+H^+$
E. $FADH_2$

14. 合成卵磷脂和脑磷脂的共同原料是
A. 丝氨酸
B. S-腺苷蛋氨酸
C. 甘油二酯
D. ATP 和 CTP
E. 蛋氨酸

15. 卵磷脂在磷脂酶 A_2 作用下生成
A. 不饱和脂肪酸
B. 溶血卵磷脂
C. 磷脂酸
D. 饱和脂肪酸
E. α-磷酸甘油

16. 组织细胞内胆固醇的酯化需要
A. ACAT
B. LCAT
C. 乙酰 CoA
D. 脂酰 CoA
E. 卵磷脂

17. 胆固醇可转变成
A. 胆汁酸
B. 胆红素
C. 维生素 D_3
D. CO_2 和 H_2O
E. 肾上腺皮质激素

18. 肝脏中乙酰 CoA 可合成
A. 胆固醇
B. 甘油
C. 酮体
D. 脂肪酸
E. 磷脂

19. 血浆甘油三酯主要存在于下列哪些物质中
A. 乳糜微粒
B. 前 β-脂蛋白
C. β-脂蛋白
D. α-脂蛋白
E. 低密度脂蛋白

20. 脂肪酸 β-氧化的产物有
A. 乙酰乙酰 CoA
B. $NADH+H^+$
C. $FADH_2$
D. 乙酰 CoA
E. $NADPH+H^+$

21. 血浆中胆固醇酯化需要
A. ACAT
B. LCAT
C. 乙酰 CoA
D. 脂酰 CoA
E. 卵磷脂

22. 关于 HMG-CoA 的叙述正确的是
A. 可在线粒体基质中合成
B. 可在胞浆中合成
C. 酮体生成的中间产物
D. 胆固醇合成的中间产物
E. 在线粒体中 HMG-CoA 裂解生成酮体

23. 血浆脂类包括
A. TG
B. PL
C. FFA
D. FC
E. CE

24. 下列哪些是低密度脂蛋白所特有的
A. 是从肝脏转运内源性甘油三酯到肝外组织的主要脂蛋白

B. 是含胆固醇最多的一种脂蛋白
C. 琼脂糖凝胶电泳时其区带位于前β-脂蛋白区带之后
D. 是含蛋白质最多的一种脂蛋白
E. 是唯一在血浆中生成的仅含ApoB100的脂蛋白

25. 下列关于载脂蛋白的叙述哪几项是正确的
A. 脂蛋白中的蛋白质部分
B. 有助于脂质的溶解和转运
C. 调节脂蛋白代谢
D. 参与脂蛋白与受体结合
E. 构成并稳定脂蛋白的结构

26. 下列哪些酶在血浆脂蛋白的代谢过程中起重要作用
A. 激素敏感性脂肪酶
B. 胰脂肪酶
C. 脂酰 CoA-胆固醇脂酰基转移酶
D. 卵磷脂-胆固醇脂酰基转移酶
E. 脂蛋白脂肪酶

27. IIb 型高脂蛋白血症主要见于下列哪些脂蛋白含量的增高
A. HDL
B. VLDL
C. LDL
D. CM
E. IDL

三、填空题

1. 脂类包括________及________；脂肪即________，由________与________组成。
2. 人体不能合成而由食物提供的必需脂肪酸包括________、________和________。
3. 脂肪动员的限速酶是________；________、________、________及________，称为脂解激素；________称为抗脂解激素。
4. 在肠粘膜细胞中由________合成________的途径称为甘油一酯合成途径；此反应由________催化。
5. 软脂酸是含有 16 个碳原子的饱和脂肪酸，需经________次β-氧化，产生________分子 $FADH_2$，________分子 $NADH+H^+$ 及________分子乙酰 CoA。1 分子软脂酸彻底氧化共生成________分子 ATP，减去脂肪酸活化时消耗的________分子 ATP，1 分子软脂酸彻底氧化净生成________分子 ATP。
6. 脂肪酸活化在________中进行，脂肪酸的β-氧化则发生在________中；脂肪酸氧化的限速酶是________，β-氧化过程包括________、________、________和________4 个连续反应步骤，每进行一次β-氧化，就生成 1 分子________和 1 分子比原来少 2 个碳原子的________；β-氧化的终产物是________。
7. 酮体包括________、________和________；酮体生成的部位是________；合成原料为________；酮体合成的限速酶是________。
8. 脂肪酸的合成在________中进行；其主要原料是________；此外，还需供氢体________；线粒体中________通过________循环机制转运至胞浆，脂肪酸合成的限速酶是________；________是甘油三酯合成的限速酶。
9. ________和________组织，甘油激酶活性很低，不能利用细胞内甘油合成α-磷酸甘油。
10. ________和________分别是磷脂酰胆碱和磷脂酰乙醇胺合成时胆碱及乙醇胺的活性供体；磷脂酶 A_2 的水解产物为________和________。
11. 胆固醇的合成原料是________；________是合成胆固醇及酮体的重要中间产物，在

________中________裂解生成酮体，而在________中________还原生成甲基二羟戊酸（MVA）；________是胆固醇合成的限速酶。

12. 细胞内的游离胆固醇，在________的催化下生成胆固醇酯；血清中的游离胆固醇，在________的作用下生成胆固醇酯。
13. 胆固醇在体内可转变成________、________和________；胆固醇在肝中转变为________，是胆固醇在体内的主要代谢去路。
14. 血脂主要包括________、________、________、________及________等；脂类在血浆中以________形式存在。
15. 胆固醇包括________和________，二者统称为________。
16. 超速离心法可将血清脂蛋白分为________、________、________和________；这四类脂蛋白的密度依次________，而颗粒直径则依次________。
17. 电泳法可将血清脂蛋白分为________、________、________和________四种，分别相当于超速离心法中分离出的________、________、________和________。
18. 脂蛋白中的蛋白质部分称为________；________可激活脂蛋白脂肪酶（LPL），促进CM和VLDL中甘油三酯的水解。
19. CM合成于________，是运输________的主要形式；VLDL主要合成于________，是运输________的主要形式；LDL是在血清中由________转变而来，是运输________的主要脂蛋白；HDL合成于________和________，可将胆固醇从________转运到________进行代谢。
20. 在四种血浆脂蛋白中，________含甘油三酯最多；________是血液中第二种富含甘油三酯的脂蛋白；________含胆固醇最多；________密度最大。

四、名词解释

1. 酮体
2. 脂肪酸的β-氧化
3. 必需脂肪酸
4. 脂肪动员
5. 脂肪酸的活化
6. 血脂
7. 载脂蛋白
8. 胆固醇的逆向转运
9. 高脂蛋白血症
10. 激素敏感性脂肪酶

五、简答题

1. 参与脂蛋白代谢的酶类主要有哪些？
2. 简述柠檬酸-丙酮酸循环机制。
3. 简述超速离心法与电泳法对血浆脂蛋白的分类。
4. 简述载脂蛋白的种类及其主要的生理功能。
5. 简述血浆脂蛋白的基本结构特征和主要功能。
6. 1970年WHO将高脂蛋白血症分为哪几种类型？在每种类型中，血脂和血浆脂蛋白有何变化？

六、论述题

1. 试述体内饱和脂肪酸氧化的部位、过程、限速酶及软脂酸彻底氧化的能量计算。
2. 试述糖在体内如何转变成脂肪？
3. 试述体内胆固醇的来源和代谢转变。
4. 试述酮体的生成和利用，酮体生成的生理意义。

参考答案

一、单项选择题

1. E	2. E	3. D	4. E	5. D	6. D	7. A	8. D
9. D	10. C	11. A	12. D	13. B	14. E	15. A	16. A
17. D	18. C	19. E	20. E	21. C	22. C	23. E	24. D
25. C	26. B	27. B	28. B	29. D	30. C	31. E	32. B
33. E	34. D	35. C	36. A	37. A	38. B	39. E	40. B
41. A	42. D	43. E	44. E	45. D			

二、多项选择题

1. ACD	2. ABCD	3. BCD	4. ACD	5. BDE	6. CD
7. BC	8. ACD	9. BCE	10. ABE	11. AE	12. ABDE
13. ADE	14. ACD	15. AB	16. AD	17. ACE	18. ACD
19. AB	20. BCD	21. BE	22. ABCDE	23. ABCDE	24. BCE
25. ABCDE	26. DE	27. BC			

三、填空题

1. 脂肪　类脂　甘油三酯　1分子甘油　3分子脂肪酸
2. 亚油酸　亚麻酸　花生四烯酸
3. 激素敏感性脂肪酶　肾上腺素　去甲肾上腺素　胰高血糖素　促肾上腺皮质激素　胰岛素
4. 甘油一酯　甘油三酯　脂酰 CoA 转移酶
5. 7　7　7　8　108　2　106
6. 胞液　线粒体　肉碱脂酰转移酶Ⅰ　脱氢　加水　再脱氢　硫解　乙酰 CoA　脂酰 CoA　乙酰 CoA
7. 乙酰乙酸　β-羟丁酸　丙酮　肝细胞线粒体　乙酰 CoA　HMG-CoA 合酶
8. 胞浆　乙酰 CoA　$NADPH+H^+$　乙酰 CoA　柠檬酸-丙酮酸　乙酰 CoA 羧化酶　α-磷酸甘油脂酰基转移酶
9. 肌肉　脂肪
10. CDP-胆碱　CDP-乙醇胺　溶血磷脂　脂肪酸

11. 乙酰 CoA　HMG－CoA　线粒体　HMG－CoA　胞液　HMG－CoA　HMG－CoA 还原酶
12. 脂酰 CoA－胆固醇脂酰转移酶（ACAT）　卵磷脂胆固醇脂酰转移酶（LCAT）
13. 胆汁酸　类固醇激素　维生素 D_3　胆汁酸
14. 游离胆固醇　胆固醇酯　磷脂　甘油三酯　糖脂　游离脂肪酸　脂蛋白
15. 游离胆固醇　胆固醇酯　总胆固醇
16. CM　VLDL　LDL　HDL　增加　变小
17. CM　β－脂蛋白　前β－脂蛋白　α－脂蛋白　CM　LDL　VLDL　HDL
18. 载脂蛋白　ApoCⅡ
19. 小肠　外源性 TG　肝脏　内源性 TG　VLDL　胆固醇　肝　小肠　肝外组织　肝脏
20. CM　VLDL　LDL　HDL

四、名词解释

1. 酮体：乙酰乙酸、β－羟丁酸和丙酮，三者统称为酮体；酮体是脂肪酸在肝内正常代谢的中间产物，是肝输出脂肪酸类能源物质的一种形式。
2. 脂肪酸的β－氧化：在线粒体基质中，脂酰 CoA 在脂肪酸β－氧化酶系催化下，从脂酰基的β－碳原子开始，经过脱氢、加水、再脱氢、硫解 4 个连续反应步骤，生成 1 分子乙酰 CoA 和 1 分子比原来少 2 个碳原子的脂酰 CoA，此过程称为脂肪酸的β－氧化。
3. 必需脂肪酸：机体内脂肪酸有饱和脂肪酸和不饱和脂肪酸。多数脂肪酸在人体内能合成，只有不饱和脂肪酸中的亚油酸、亚麻酸和花生四烯酸在体内不能合成，必须从植物油中摄取，这类脂肪酸称为人体必需脂肪酸。
4. 脂肪动员：储存在脂肪组织中的甘油三酯，被脂肪酶逐步水解为游离脂肪酸和甘油，并释放入血以供其他组织氧化利用的过程，称为脂肪动员。
5. 脂肪酸的活化：是指在 ATP、HSCoA、Mg^{2+} 存在下，脂肪酸经脂酰 CoA 合成酶催化，转变为脂酰 CoA 的过程；该反应在胞液中进行；活化生成的脂酰 CoA 含高能硫酯键，且水溶性增加，活性增强。
6. 血脂：血脂是指血浆中的脂类，主要包括游离胆固醇（FC）、胆固醇酯（CE）、磷脂（PL）、甘油三酯（TG）、糖脂及游离脂肪酸（FFA）等，其中胆固醇包括 CE 和 FC，称为总胆固醇（TC）；脂类在血浆中均以脂蛋白形式存在。
7. 载脂蛋白：脂蛋白中的蛋白质部分称为载脂蛋白。载脂蛋白构成并稳定脂蛋白的结构，可激活或抑制某些与脂蛋白代谢有关的酶类，以配体形式与脂蛋白受体识别并结合，参与脂蛋白代谢。
8. 胆固醇的逆向转运：HDL 将胆固醇从肝外组织向肝转运的过程称为胆固醇的逆向转运。机体通过此机制，可促进组织细胞内胆固醇的清除，维持细胞内胆固醇量的相对恒定，防止游离胆固醇在动脉壁及其他组织积聚，抑制动脉粥样硬化的发生。
9. 高脂蛋白血症：血浆中一种或几种脂质高于正常参考值上限称为高脂血症，主要表现为 TC 或/和 TG 水平升高。脂类在血浆中均以脂蛋白形式存在，高脂血症是高脂蛋白血症的反映。
10. 激素敏感性脂肪酶：是指存在于脂肪细胞内的甘油三酯脂肪酶，它是脂肪动员的限速酶，因受多种激素调节而得名。胰岛素抑制其活性，肾上腺素、胰高血糖素、促肾上腺皮质激素等增强其活性。

五、简答题

1. 参与脂蛋白代谢的酶类主要有降解 TG 的脂蛋白脂肪酶（LPL）、肝脂酶（HTGL），参与胆固醇酯化和胆固醇合成的卵磷脂胆固醇脂酰转移酶（LCAT）、脂酰 CoA-胆固醇脂酰转移酶（ACAT）、HMGCoA 还原酶，以及参与 HDL 与 LDL、VLDL 之间 CE 交换的特殊蛋白质—胆固醇酯转移蛋白（CETP）。

2. 柠檬酸-丙酮酸循环机制是乙酰 CoA 从线粒体转移至胞液的机制。于线粒体内，乙酰 CoA 首先与草酰乙酸缩合生成柠檬酸，后者即可通过线粒体内膜上特异载体的转运进入胞液；

   在胞液中，在柠檬酸裂解酶的作用下，柠檬酸裂解生成草酰乙酸和乙酰 CoA。乙酰 CoA 用于脂肪酸的合成，而草酰乙酸则在苹果酸脱氢酶作用下，还原生成苹果酸，再经线粒体内膜上的载体转运进入线粒体。苹果酸也可经苹果酸酶催化分解为丙酮酸后转运入线粒体。进入线粒体的苹果酸和丙酮酸最终均转变成草酰乙酸，再参与转运乙酰 CoA。

3. 超速离心法：不同的血浆脂蛋白，其蛋白质和脂类所占的比例不同，因而密度不同，在一定密度的介质中进行超速离心时，漂浮速率不同，从而得以分离。该法可将血浆脂蛋白分为四大类：乳糜微粒（CM）、极低密度脂蛋白（VLDL）、低密度脂蛋白（LDL）和高密度脂蛋白（HDL）。这四类脂蛋白的密度依次增加，而颗粒直径则依次变小。

   电泳法：各种血浆脂蛋白，蛋白质组成的差异，使其表面所带电荷量不尽相同；加之不同的脂蛋白颗粒大小不同，因而在电场中，其迁移率不同。据此，可将血浆脂蛋白分为 CM、β-脂蛋白、前β-脂蛋白和α-脂蛋白四种，分别相当于超速离心法中分离出的 CM、LDL、VLDL 和 HDL。

4. 脂蛋白中的蛋白质部分称为载脂蛋白。人血浆载脂蛋白主要有 ApoA、B、C、D 及 E 等五类，其中 ApoA 又分为 AI、AⅡ、AⅣ；ApoB 分为 B100 及 B48；ApoC 分为 CI、CⅡ、CⅢ。

   载脂蛋白的功能可概括为三个方面　① 调节功能：可激活或抑制某些与脂蛋白代谢有关的酶类，调节脂蛋白代谢。如 ApoAI 和 CI 能激活卵磷脂胆固醇脂酰转移酶（LCAT），促进胆固醇的酯化；ApoAⅡ可激活肝酯酶（HL）又称肝脏甘油三酯酶（HTGL），促进脂解；ApoCⅡ可激活脂蛋白脂肪酶（lLPL），促进 CM 和 VLDL 中甘油三酯的水解；ApoCⅢ正好相反，可抑制 LPL 活性。② 结构功能：载脂蛋白构成并稳定脂蛋白的结构，有助于脂质的溶解和转运。③ 受体识别功能：以配体形式与细胞表面脂蛋白相应受体识别并结合，参与脂蛋白代谢。例如 ApoE 和 ApoBl00 可以识别 LDL 受体并与之结合，促进 LDL 代谢。

5. 血浆脂蛋白主要由胆固醇、甘油三酯、磷脂和蛋白质等组成。成熟的血浆脂蛋白大致为球形颗粒，甘油三酯和胆固醇酯构成疏水性的核心，具有两亲性的蛋白质、磷脂及游离胆固醇覆盖于脂蛋白的表面，其亲水基团朝外，形成亲水性的外壳。这种结构使脂蛋白能够溶于血浆，运送到全身组织进行代谢。

   几种主要的血浆脂蛋白有：

(1) 乳糜微粒（CM）：颗粒最大，含 TG 最多，达 90%～95%，蛋白质含量最少，约 1%～2%，密度最小。其主要生理功能是将食物来源的（外源性的）TG 从小肠运输到肝外组织中被利用，是运输外源性 TG 的主要形式。

(2) 极低密度脂蛋白（VLDL）：VLDL 也以 TG 为主要成分，约为 50%～65%，是血液中第二种富含 TG 的脂蛋白，而磷脂、胆固醇及蛋白质含量均比 CM 多。VLDL 是运输内源性 TG 的主要形式。

(3) 低密度脂蛋白（LDL）：含胆固醇最多，可达 45%～50%。LDL 是运输胆固醇的主要脂蛋白，其功能是将胆固醇转运到外周组织。

(4) 高密度脂蛋白（HDL）：HDL 含蛋白质最多，约 50%，TG 含量最少，颗粒最小，密度最大。HDL 可将胆固醇从肝外组织转运到肝脏进行代谢，可促进组织细胞内胆固醇的清除，抑制动脉粥样硬化的发生发展。

6. 1970 年 WHO 以临床表型为基础，根据血浆脂蛋白及血脂的改变，将高脂蛋白血症分为Ⅰ、Ⅱa、Ⅱb、Ⅲ、Ⅳ和Ⅴ等六型。每种类型血浆脂蛋白及血脂的改变见下表。

高脂蛋白血症（WHO）分型及血浆脂蛋白及血脂的改变

类型	脂蛋白变化	血脂变化
Ⅰ	CM↑↑	TG↑↑，TC↑→
Ⅱa	LDL↑↑	TC↑↑，TG→
Ⅱb	LDL↑，VLDL↑	TG↑↑，TC↑↑
Ⅲ	IDL↑	TG↑↑，TC↑↑
Ⅳ	VLDL↑↑	TG↑↑，TC↑→
Ⅴ	CM↑↑，VLDL↑↑	TG↑↑，TC↑

注：↑示浓度升高；→示浓度正常

六、论述题

1. 部位：机体除脑细胞和成熟红细胞外，大多数组织都能利用脂肪酸氧化供能，但以肝和肌肉组织最为活跃。线粒体是脂肪酸氧化的主要部位。

过程：脂肪酸氧化过程可概括为脂肪酸的活化、脂酰 CoA 进入线粒体、β-氧化过程和乙酰 CoA 的彻底氧化四个阶段。① 脂肪酸的活化-脂酰 CoA 的生成：在 ATP、HSCoA、Mg^{2+}存在下，脂肪酸经脂酰 CoA 合成酶催化，转变为脂酰 CoA。该反应在胞液中进行。② 脂酰 CoA 进入线粒体：脂肪酸活化是在胞液中进行的，而催化脂肪酸氧化的酶系又存在于线粒体基质内，因此活化的脂酰 CoA 必须进入线粒体基质才能进行氧化分解。脂酰 CoA 经线粒体膜的肉碱脂酰转移酶Ⅰ（CATⅠ）、转位酶和 CATⅡ的作用，以肉碱为载体，由胞浆进入线粒体。③ 脂肪酸的β-氧化：脂酰 CoA 在脂肪酸β-氧化酶系催化下，从脂酰基的β-碳原子上开始，经脱氢、加水、再脱氢、硫解 4 个连续反应步骤，生成 1 分子乙酰 CoA 和 1 分子比原来少 2 个碳原子的脂酰 CoA。后者再进行又一次β-氧化，如此反复进行，直至脂酰 CoA 完全氧化为乙酰 CoA。β-氧化的终产物是乙酰 CoA。④ 乙酰 CoA 的彻底氧化：乙酰 CoA 经三羧酸循环被彻底氧化，生成 CO_2 和 H_2O，并释放能量。

限速酶：CAT Ⅰ 是脂肪酸氧化的限速酶，其活性高低控制着脂酰 CoA 进入线粒体氧化的速度。

能量计算：软脂酸是含有 16 个碳原子的饱和脂肪酸，需经 7 次 β-氧化，产生 8 分子乙酰 CoA、7 分子 $FADH_2$ 及 7 分子 $NADH+H^+$。故 1 分子软脂酸彻底氧化共生成 $7\times2.5+7\times2.5+8\times10ATP=108ATP$，减去脂肪酸活化时消耗的 2 分子 ATP，一分子软脂酸彻底氧化净生成 106 分子 ATP。由此可见，脂肪酸是体内重要的能源物质。

2. 体内许多组织都可以合成甘油三酯，但最主要合成部位是肝和脂肪组织。合成甘油三酯所需的甘油和脂肪酸主要由葡萄糖代谢提供，故可由糖转变成脂肪。

(1) 脂肪酸的合成：合成脂肪酸的原料是乙酰 CoA，其主要来自糖的氧化分解。乙酰 CoA 全部在线粒体内产生，而合成脂肪酸的酶系存在于胞液中，因此线粒体内合成的乙酰 CoA 需通过柠檬酸-丙酮酸循环机制转移到胞液中。此外，脂肪酸合成还需供氢体 $NADPH+H^+$，其主要来自磷酸戊糖途径。在胞液中，乙酰 CoA 在乙酰 CoA 羧化酶（脂肪酸合成的限速酶）作用下，羧化成丙二酸单酰 CoA。7 分子丙二酸单酰 CoA 与 1 分子乙酰 CoA 在脂肪酸合成酶系的催化下，由 $NADPH+H^+$ 供氢合成软脂酸。随后在肝细胞的线粒体和内质网内，进行碳链的延长、缩短以及脱饱和作用，形成体内碳链长短不同、饱和度不同的脂肪酸。参与脂肪合成时，脂肪酸先活化生成脂酰 CoA。

(2) α-磷酸甘油的合成：糖酵解中间产物磷酸二羟丙酮还原生成 α-磷酸甘油，这是其主要来源。

(3) 脂肪的合成：1 分子 α-磷酸甘油与 2 分子脂酰 CoA 在 α-磷酸甘油脂酰基转移酶催化下，合成磷脂酸，然后经脱磷酸及再酯化即可合成甘油三酯。α-磷酸甘油脂酰基转移酶是甘油三酯合成的限速酶。

3. 来源：人体胆固醇来源有二：一是体内合成，称为内源性胆固醇，正常人 50% 以上的胆固醇来自机体自身合成。二是从食物中摄取，称为外源性胆固醇，膳食中的胆固醇来自动物性食物，如内脏、奶油、蛋黄及肉类等。植物性食品不含胆固醇。

胆固醇的合成主要在胞液及内质网中进行，其合成以乙酰 CoA 为原料，合成过程大体分三个阶段。① 甲基二羟戊酸的生成：在胞液中，首先 2 分子乙酰 CoA 在硫解酶的催化下，缩合成 1 分子乙酰乙酰 CoA ；然后由 HMG-CoA 合酶催化，乙酰乙酰 CoA 再与 1 分子乙酰 CoA 缩合生成 β-羟-β-甲基戊二酸单酰 CoA（HMG-CoA），后者经 HMG-CoA 还原酶的催化，生成甲基二羟戊酸（MVA）。HMG-CoA 还原酶是胆固醇合成的限速酶。② 鲨烯的生成：MVA 由 ATP 提供能量，在胞液内一系列酶的催化下，经磷酸化、脱羧、缩合、还原等过程，即生成 30 碳的鲨烯。③ 胆固醇的合成：鲨烯经环化、氧化、脱羧和还原等反应，脱去 3 分子 CO_2，转变成 27 碳胆固醇。

代谢转变：① 转变为胆汁酸。胆固醇在肝中转变为胆汁酸，是胆固醇在体内的主要代谢去路，是肝清除体内胆固醇的主要方式。② 转变为类固醇激素。胆固醇是 5 种主要的类固醇激素（孕激素、雄激素、雌激素、糖皮质激素和盐皮质激素）

的前体。③ 转变为维生素 D_3。皮肤中的胆固醇可被氧化为 7-脱氢胆固醇，后者经紫外线照射后转变成维生素 D_3。

4. 乙酰乙酸、β-羟丁酸和丙酮，三者统称为酮体。酮体是脂肪酸在肝内正常代谢的中间产物，是肝输出脂肪酸类能源物质的一种形式。

(1) 生成：酮体生成的部位是肝细胞线粒体，合成原料为β-氧化生成的乙酰 CoA。① 2 分子乙酰 CoA 在乙酰乙酰 CoA 硫解酶的催化下，缩合成 1 分子乙酰乙酰 CoA。② 乙酰乙酰 CoA 再与 1 分子乙酰 CoA 缩合生成β-羟-β-甲基戊二酸单酰 CoA (HMG-CoA)，催化此反应的酶为 HMG-CoA 合酶，是酮体合成过程中的限速酶。③ HMG-CoA 在 HMG-CoA 裂解酶的催化下，裂解生成 1 分子乙酰乙酸和 1 分子乙酰 CoA。④ 乙酰乙酸再经β-羟丁酸脱氢酶的催化，由 $NADH+H^+$ 供氢还原生成β-羟丁酸，少量乙酰乙酸自动脱羧生成丙酮。

(2) 利用：肝能生成酮体，但缺乏氧化、利用酮体的酶系，故生成的酮体不能在肝中氧化，必须通过细胞膜进入血液循环，运往肝外组织被氧化利用。在肝外组织，乙酰乙酸可在乙酰乙酸硫激酶或琥珀酰 CoA 转硫酶催化下，转变为乙酰乙酰 CoA；然后乙酰乙酰 CoA 在乙酰乙酰 CoA 硫解酶作用下，分解为 2 分子乙酰 CoA，后者进入三羧酸循环被彻底氧化。β-羟丁酸在β-羟丁酸脱氢酶的催化下，生成乙酰乙酸，再沿上述途径进行氧化。丙酮可经肾、肺排出。

(3) 生理意义：酮体是脂肪酸在肝内正常代谢的中间产物，是肝输出脂肪酸类能源物质的一种形式。酮体分子小，易溶于水，能够通过血脑屏障和肌肉等组织毛细血管壁，故正常情况下，肝生成的酮体能迅速被肝外组织摄取利用，使酮体成为肌肉特别是脑组织重要能源。脑组织不能氧化脂肪酸，却能利用酮体。在长期饥饿及糖供应不足时，酮体将替代葡萄糖成为脑组织的主要能源。

（河北北方学院　常晓彤）

第六章 生物氧化

重点解析

一、生物氧化的概念与特点

物质在生物体内的氧化分解过程称为生物氧化。线粒体内的氧化过程伴有 ATP 的生成；线粒体外氧化主要在内质网、过氧化酶体和胞液中进行，不伴有磷酸化，也不生成 ATP，主要与体内代谢物、药物、毒物的生物转化有关。生物体内的氧化还原反应方式包括加氧与脱氧、脱氢与加氢、失电子与得电子。

物质在体内、外氧化的最终结果相同，但二者的表现形式和反应所处的条件不同。生物氧化的主要特点：在细胞内温和条件下由酶催化反应过程；逐步释放能量并有相当一部分能量使 ADP 磷酸化为 ATP；H_2O 的生成是代谢物脱下的氢经呼吸链传递最终与氧结合的结果；CO_2是由有机酸在酶的催化下脱羧基产生。

二、线粒体生物氧化体系

线粒体内的生物氧化依赖于线粒体内膜上一系列酶的作用。代谢物脱下的 2H 经过这些酶和辅酶传递，最终与氧结合生成水，由于此过程与细胞摄取氧的呼吸过程相关，故称为呼吸链。酶和辅酶在呼吸链中按一定顺序排列在线粒体内膜上。其中传递氢的称为递氢体，传递电子的称为递电子体，不论递氢体还是递电子体都起传递电子的作用，所以呼吸链又称为电子传递链。组成呼吸链的主要成分有：烟酰胺核苷酸、黄素蛋白、UQ、铁硫蛋白及细胞色素类。烟酰胺核苷酸、黄素蛋白、UQ 通过加氢和脱氢反应，传递作用物脱下的氢，称为递氢体。而铁硫蛋白和细胞色素只是传递电子，称为递电子体。其中细胞色素 a 和 a_3不易分离统称为细胞色素 aa_3，因其在传递电子过程中能直接激活氧，使氧激活成氧离子后可与氢质子结合生成 H_2O，故又称为细胞色素氧化酶。

呼吸链中大部分组成成分形成 4 个复合体，只有 UQ 和细胞色素 c 以游离形式存在。复合体Ⅰ：NADH-泛醌还原酶；复合体Ⅱ：琥珀酸-泛醌还原酶；复合体Ⅲ：泛醌-细胞色素 c 还原酶；复合体Ⅳ：细胞色素氧化酶。体内有两条不同类型的呼吸链：NADH 氧化呼吸链：$SH_2 \rightarrow NAD^+ \rightarrow FMN\ (Fe-S) \rightarrow Q \rightarrow Cytb \rightarrow Cytc_1 \rightarrow Cytc \rightarrow Cytaa_3 \rightarrow O_2$；大多数酶催化底物脱下的氢进入此呼吸链。琥珀酸氧化呼吸链：$SH_2 \rightarrow FAD\ (Fe-S) \rightarrow Q \rightarrow Cytb \rightarrow Cytc_1 \rightarrow Cytc \rightarrow Cytaa_3 \rightarrow O_2$；琥珀酸脱氢酶、脂酰 CoA 脱氢酶及线粒体内 α-磷酸甘油脱氢酶催化底物脱下的氢进入这条呼吸链。

在机体生命活动中，能量的释放、贮存和利用都以 ATP 为中心。体内 ATP 的生成方式有两种：底物水平磷酸化和氧化磷酸化。直接将代谢物分子中的能量转移给 ADP（或 GDP）生成 ATP（或 GTP）的反应称为底物水平磷酸化。目前已知体内有三个底物水平磷酸化反应。

代谢物脱下的氢经呼吸链传递给氧生成水，同时使ADP磷酸化生成ATP，这种氧化与磷酸化偶联进行的反应过程称为氧化磷酸化。氧化磷酸化是体内ATP生成的主要方式。

通常通过测定P/O比值和自由能变化确定氧化磷酸化的偶联部位。P/O比值是指物质氧化时，每消耗1摩尔氧原子所消耗的无机磷的摩尔数（或ADP的摩尔数），即生成ATP的摩尔数。氧化还原电位差与能量之间的换算关系，电位差超过0.2 V时可释放37.7 kJ以上的能量，即可磷酸化生成一摩尔ATP。氧化磷酸化的偶联部位分别在NAD→UQ，Cytb→Cytc，$Cytaa_3$→O_2之间。NADH氧化呼吸链有3个偶联部位，琥珀酸氧化呼吸链有2个偶联部位。多数代谢物脱下的氢，经NADH进入呼吸链氧化生成水，可生成2.5分子ATP；若脱下的一对氢经FAD进入呼吸链氧化生成水，只能产生1.5分子ATP。

影响氧化磷酸化的因素有：ADP/ATP是调节氧化磷酸化的重要因素。比值增高，氧化磷酸化速度加快；反之，氧化磷酸化速度减慢。甲状腺素可活化许多组织细胞膜上的Na^+-K^+-ATP酶，使ATP加速分解为ADP和Pi，ADP增加促进氧化磷酸化，因而引起ATP的合成和分解速度均增加。呼吸链阻断剂，如鱼藤酮、阿米妥、抗霉素A、氰化物与一氧化碳等分别抑制呼吸链中的不同环节，使作用物氧化磷酸化无法进行。解偶联剂如二硝基苯酚，不影响呼吸链的电子传递，只抑制由ADP生成ATP的磷酸化过程，使氧化与磷酸化脱节。

胞液中生成的NADH需要借助两种穿梭作用透过线粒体内膜进入线粒体内，即α-磷酸甘油穿梭作用和苹果酸—天冬氨酸穿梭作用。前者主要存在于脑和骨骼肌中，通过这种机制转移入线粒体内的一对氢进入琥珀酸氧化呼吸链进行氧化磷酸化，产生1.5分子ATP。后者主要分布在肝、肾和心肌中，由此机制转移入线粒体内的一对氢进入NADH氧化呼吸链进行氧化磷酸化，产生2.5分子ATP。

不生成ATP的氧化途径有内质网、过氧化酶体等，含有与线粒体生物氧化体系不同的氧化还原酶类，如加单氧酶、过氧化氢酶、过氧化物酶、超氧化物歧化酶等，它们的作用不伴有氧化磷酸化，不能生成ATP，主要参与某些代谢物的氧化还原反应、非营养物质（如代谢废物、激素、神经递质、药物、毒物等）的生物转化作用和自由基代谢过程。

测 试 题

一、单项选择题

[在备选答案中只有一个是正确的]

1. 细胞色素aa_3中除含有铁外还含有哪种元素
   A. Mn
   B. Mg
   C. Co
   D. Cu
   E. Zn

2. 体内CO_2来自下列哪种代谢过程
   A. 碳原子与氧原子直接化合
   B. 呼吸链电子传递过程
   C. 有机酸脱羧基反应
   D. 糖原分解过程
   E. 脂肪动员过程

3. 能作为递氢体的物质是

A. Cytc
B. $Cytaa_3$
C. UQ
D. Cytb
E. 铁硫蛋白

4. 呼吸链中细胞色素传递电子的顺序是
A. $aa_3 \rightarrow b \rightarrow c_1 \rightarrow c \rightarrow 1/2O_2$
B. $b \rightarrow aa_3 \rightarrow c_1 \rightarrow c \rightarrow 1/2O_2$
C. $c_1 \rightarrow c \rightarrow aa_3 \rightarrow b \rightarrow 1/2O_2$
D. $c_1 \rightarrow c \rightarrow b \rightarrow aa_3 \rightarrow 1/2O_2$
E. $b \rightarrow c_1 \rightarrow c \rightarrow aa_3 \rightarrow 1/2O_2$

5. 氧化磷酸化解偶联作用可使
A. 呼吸链氧化过程停止
B. ATP 合酶抑制
C. 三羧酸循环停止
D. 线粒体能利用氧，但不能生成 ATP
E. 线粒体不能利用氧，但能产生 ATP

6. 下列哪种激素在调节氧化磷酸化中起重要作用
A. 肾上腺皮质素
B. 甲状腺素
C. 肾上腺素
D. 生长素
E. 胰岛素

7. NADH 氧化呼吸链的偶联部位有
A. 1 个
B. 2 个
C. 3 个
D. 4 个
E. 5 个

8. 影响氧化磷酸化的因素主要是
A. ADP/ATP
B. FAD
C. UQ
D. Cyt b
E. O_2

9. 关于复合酶体Ⅲ的叙述下列哪项是错误的
A. 是 NADH 氧化呼吸链的组成成分
B. 是琥珀酸氧化呼吸链的组成成分
C. 又称为泛醌- Cytc 还原酶
D. 是氧化磷酸化的偶联部位之一
E. 是线粒体外氧化体系的重要成分

10. 在需氧脱氢反应和不需氧脱氢反应中均能发挥作用的物质是
A. NAD^+
B. $NADP^+$
C. FAD
D. Fe - S 蛋白
E. UQ

11. 细胞色素 b、c_1、c 和 P_{450} 均含辅基
A. Fe^{3+}
B. 血红素
C. Fe - S
D. 维生素 B_6
E. 铁卟啉

12. 胞液中与 ATP 生成有关的代谢过程是
A. 三羧酸循环
B. 脂肪酸氧化
C. 电子传递
D. 糖酵解
E. 氧化磷酸化

13. 体内氧化与体外燃烧的共同点是
A. 需要催化剂
B. 需要温和的条件
C. 分步释放能量
D. 终产物基本相同
E. 氧与碳原子直接化合生成 CO_2

14. 氰化物（CN^-）使人中毒致死的主要原因是
A. 与肌红蛋白中 Fe^{3+} 结合使之不能储 O_2
B. 与 Cyt b 中 Fe^{3+} 结合使之不能传递电子
C. 与 Cyt c 中 Fe^{3+} 结合使之不能传递电子
D. 与 Cyt aa_3 中 Fe^{3+} 结合使之不能激活 $1/2O_2$

E. 与血红蛋白中 Fe^{3+} 结合使之不能运输 O_2

15. 剧烈运动时 ATP 会大量消耗，此时
A. ADP/ATP 上升，氧化磷酸化减慢
B. ADP/ATP 上升，会发生解偶联现象
C. ADP/ATP 上升，氧化磷酸化加快
D. ADP 转移到线粒体外以维持 ATP/ADP 不变
E. 以上都不对

16. 下列哪种物质称为细胞色素氧化酶
A. $CytP_{450}$
B. Cytc
C. Cytb
D. $Cytaa_3$
E. $Cytc_1$

17. 下列哪种物质的氧化不经过 NADH 氧化呼吸链
A. 琥珀酸
B. 苹果酸
C. β-羟丁酸
D. 谷氨酸
E. 异柠檬酸

18. 胞液中 NADH＋H^+ 经苹果酸-天冬氨酸穿梭作用进入线粒体可以产生的 ATP 数为
A. 1.5
B. 2
C. 2.5
D. 4
E. 5

二、多项选择题

［在备选答案中有两个或两个以上是正确的，错选或未选均不给分］

1. 下列哪些物质是呼吸链的组成成分
A. $Cytaa_3$
B. $CytP_{450}$
C. UQ
D. $Cytc_1$
E. Cytb

2. 线粒体生物氧化体系的氧化还原酶类包括
A. 需氧脱氢酶
B. 氧化酶
C. 过氧化物酶
D. 加单氧酶
E. 不需氧脱氢酶

3. 组成 NADH 氧化呼吸链的复合体有
A. 复合体Ⅰ
B. 复合体Ⅱ
C. 复合体Ⅲ
D. 复合体Ⅳ
E. 复合体Ⅴ

4. 生物体内氧化的特点有
A. 酶促反应
B. 温和条件
C. 逐步放能其中有一部分用以磷酸化生成 ATP
D. 代谢物中的碳与氧直接化合成 CO_2
E. 骤然以光和热的形式散发能量

5. 下列哪些物质可作为需氧脱氢酶的辅基
A. Cyt aa_3
B. Cyt b
C. FMN
D. FAD
E. NAD^+

6. 关于 NAD^+ 的叙述正确的是
A. 可作为不需氧脱氢酶的辅酶
B. 可进行可逆的加氢和脱氢
C. 每次接受一个氢原子和一个电子
D. 属于氧化酶类
E. 腺嘌呤环是携带氢的部位

7. 关于铁硫蛋白的叙述正确的是
A. 由 Fe－S 构成活性中心

B. 铁的氧化还原是可逆的

C. 每次传递一个电子

D. 与泛醌形成复合物存在

E. 存在于复合体Ⅳ中

8. 电子传递链中与磷酸化偶联的部位是

A. NADH→UQ

B. FAD→UQ

C. UQ→Cytc

D. $Cytaa_3$→O_2

E. NADH→FMN

9. 下列哪些是氧化磷酸化的影响因素

A. 甲状腺素

B. 阿米妥类药物

C. ATP/ADP

D. 鱼藤酮

E. CO

10. 胞液中生成的 NADH

A. 直接进入线粒体氧化

B. 将 H 交给 FAD，生成 $FADH_2$ 进入线粒体氧化

C. 其中的 H 可通过α-磷酸甘油穿梭进入线粒体氧化

D. 由肉碱协助进入线粒体氧化

E. 其中的 H 可通过苹果酸-天冬氨酸穿梭进入线粒体氧化

11. 关于 ATP 的描述正确的是

A. 主要在氧化磷酸化中产生

B. 是体内主要的直接供能物质

C. 参与磷酸肌酸的生成过程

D. 参与多磷酸核苷的生成过程

E. 是核糖核酸合成的原料之一

12. 能催化产生 H_2O_2 的酶有

A. 细胞色素氧化酶

B. 黄嘌呤氧化酶

C. SOD

D. 加单氧酶

E. 过氧化氢酶

三、填空题

1. 生物体内的氧化还原反应有三种基本类型，除加氧与脱氧外还有________和________。
2. 体内 ATP 生成的方式有________和________两种。
3. 代谢物脱下的一对氢若经 NADH 氧化呼吸链传递给氧生成水时的 P / O 比值应是________，而若经琥珀酸氧化呼吸链传递给氧生成水时的 P / O 比值应是________。
4. 胞液中的 NADH 通过________穿梭作用和________穿梭作用转运入线粒体。
5. 线粒体内有两类不同的呼吸链，分别是________和________。
6. 呼吸链氧化还原反应的同时伴有磷酸化反应的过程称为________。
7. 电子在呼吸链中的传递总是从氧化还原电位较________处流向较________处。
8. 营养物质在体内的氧化分解主要是经________生物氧化体系完成的，这是体内生成________的主要途径。
9. 呼吸链中的递氢体有________、________、________等，递电子体有________和________。
10. 若 O_2 接受电子不足可生成________，此物可受________的催化而清除。

四、名词解释

1. 呼吸链
2. 氧化磷酸化
3. 高能磷酸化合物
4. 生物氧化
5. 底物水平磷酸化
6. P/O 比值

7. 加单氧酶　　8. 超氧化物歧化酶

五、简答题

1. 生物氧化的特点是什么？
2. 氧化磷酸化的偶联部位有哪些？
3. 线粒体外氧化体系的主要生理作用是什么？

六、论述题

1. 试述呼吸链的组成及其排列顺序。
2. 叙述氧化磷酸化的影响因素及作用机理。

参考答案

一、单项选择题

1. D	2. C	3. C	4. E	5. D	6. B	7. C	8. A
9. E	10. C	11. E	12. D	13. D	14. D	15. C	16. D
17. A	18. C						

二、多项选择题

1. ACDE	2. ABE	3. ACD	4. ABC	5. CD	6. ABC
7. ABC	8. ACD	9. ABCDE	10. CE	11. ABCDE	12. BC

三、填空题

1. 脱氢与加氢　失电子与得电子
2. 底物水平磷酸化　氧化磷酸化
3. 2.5　1.5
4. 苹果酸-天冬氨酸　α-磷酸甘油
5. NADH 氧化呼吸链　琥珀酸氧化呼吸链
6. 氧化磷酸化
7. 低　高
8. 线粒体　ATP
9. NAD　FMN (FAD) UQ　Fe-S　细胞色素体系
10. 超氧阴离子　SOD

四、名词解释

1. 呼吸链是指代谢物脱下的 2H 经过一系列酶和辅酶的传递，最终与氧结合生成水，由于此过程与细胞摄取氧的呼吸过程相关，故称为呼吸链。
2. 代谢物脱下的氢经呼吸链传递给氧生成水，同时使 ADP 磷酸化生成 ATP，这种氧化与磷酸化偶联进行的反应过程称为氧化磷酸化。

3. 凡含高能磷酸键的化合物为高能磷酸化合物，包括 ATP、GTP、CTP、磷酸肌酸等。
4. 物质在生物体内的氧化代谢，主要是营养物质氧化分解为 CO_2 和 H_2O 并逐步释放能量产生 ATP 的过程。
5. 细胞内直接将代谢物分子中的能量转移至 ADP（或 GDP）生成 ATP（或 GTP）的过程。
6. 物质氧化时，每消耗一摩尔氧原子所消耗的无机磷的摩尔数（或 ADP 摩尔数），即生成的 ATP 数。
7. 催化氧分子中的一个氧原子加到底物分子上，另一氧原子被氢（$NADPH^+ H^+$）还原成水，此催化酶称为加单氧酶，又称为混合功能氧化酶。
8. 催化超氧阴离子氧化还原反应生成 O_2 和 H_2O_2 的酶。

五、简答题

1. 生物氧化的主要特点：① 在细胞内温和条件下的酶促反应过程；② 逐步释放能量并伴有 ADP 磷酸化为 ATP；③ H_2O 生成是反应中脱下的氢经电子传递链传递与氧结合的结果；④ CO_2 是由有机酸脱羧基产生。
2. 根据 P / O 比值和自由能变化的测定，氧化磷酸化的偶联部位分别是 NAD→UQ，Cytb→Cytc，$Cytaa_3$→O_2。在 NADH 氧化呼吸链中存在 3 个偶联部位，琥珀酸氧化呼吸链中有 2 个偶联部位。
3. 需氧脱氢酶催化某些物质的氧化，并产生 H_2O_2，粒细胞和吞噬细胞中产生的 H_2O_2 可用于杀灭细菌，甲状腺细胞中产生的 H_2O_2 可促进甲状腺激素的生成；过氧化氢酶和过氧化物酶可清除 H_2O_2；超氧化物歧化酶清除氧自由基；加单氧酶系，可作用于激素及其他活性物质的代谢与灭活，也作用于某些代谢物、药物、毒物的转化。

六、论述题

1. 呼吸链的组成分五大类，即烟酰胺核苷酸类，黄素蛋白类，铁硫蛋白，泛醌和细胞色素类，构成四种复合体（即酶复合体Ⅰ、Ⅱ、Ⅲ、Ⅳ）。其排列顺序：
   NADH 氧化呼吸链：SH_2→NAD^+→FMN（Fe－S）→UQ→Cytb→$Cytc_1$→Cytc→$Cytaa_3$→O_2
   琥珀酸氧化呼吸链：SH_2→FAD（Fe－S）→UQ→Cytb→$Cytc_1$→Cytc→$Cytaa_3$→O_2
2. 影响氧化磷酸化的因素有：（1）ATP/ADP 比值，比值升高，氧化磷酸化减弱；比值下降，氧化磷酸化增强；（2）甲状腺素，可诱导细胞膜 Na^+－K^+－ATP 酶生成，加速 ATP 水解，氧化磷酸化加快，由此使得耗氧和产热增加，基础代谢率升高；（3）呼吸链抑制剂，鱼藤酮、抗霉素 A、CO、氰化物等可分别阻断呼吸链的不同环节，使氧化受阻；（4）解偶联剂，二硝基苯酚可与解偶联蛋白结合，使氧化磷酸化解偶联。

（内蒙古医学院　关泽红　刘淑萍　李平风）

第七章 氨基酸代谢

重点解析

一、蛋白质的营养作用

1. 蛋白质的生理功用 蛋白质是构成机体组织结构的重要组分；维持组织细胞的生长、更新和修复；组成蛋白质的氨基酸可合成多种重要生理活性物质（如酶、含氮类激素、神经递质、嘌呤、嘧啶等）；蛋白质还可氧化供能，此作用属次要功能。

2. 氮平衡 人体对蛋白质的需求量可通过氮平衡试验测得。氮平衡是通过摄入氮和排出氮的对比，反映机体蛋白质合成和分解的平衡状况。可分为：① 氮总平衡——摄入氮＝排出氮，见于正常成人；② 氮正平衡——摄入氮＞排出氮，见于生长发育期、疾病康复期及孕妇、乳母等；③ 氮负平衡——摄入氮＜排出氮，见于衰老、消耗性疾病等。成人每日蛋白质需要量为80g/d。

3. 蛋白质的营养价值 蛋白质的营养价值与必需氨基酸有关。营养必需氨基酸是指人体需要但不能自身合成，必须由食物供给的氨基酸。共8种，即苏氨酸、亮氨酸、异亮氨酸、赖氨酸、色氨酸、缬氨酸、苯丙氨酸、蛋氨酸。其余12种氨基酸为非营养必需氨基酸。

几种营养价值较低的蛋白质如果合理调配、混合食用，使所含必需氨基酸相互补充，提高其营养价值，称做蛋白质的营养互补作用。

二、蛋白质的消化与分解

食物蛋白质消化是在消化道一系列蛋白酶的作用下，使肽键水解断裂，形成二肽乃至氨基酸被吸收。蛋白酶类可大体分为内肽酶与外肽酶（氨基肽酶和羧基肽酶）。食物蛋白质一部分未被消化，一部分消化产物未被吸收，肠道细菌对其的分解作用称蛋白质腐败作用。腐败作用的方式有脱氨基、脱羧基、氧化、还原等方式。产物有氨、二氧化碳、胺类、酚类、硫化氢、少量脂肪酸和维生素等，除后两者可被利用外，其余腐败产物均为废物或有害物质，大部分随粪便排出，少部分吸收后在肝脏处理、解毒。

三、氨基酸的一般分解代谢

体内氨基酸的来源：① 食物蛋白质的消化吸收；② 组织蛋白的分解；③ 体内非必需氨基酸的合成。

体内氨基酸的去路：① 合成蛋白质；② 脱氨基代谢；③ 脱羧基代谢；④ 生成其他含氮物。氨基酸最主要的分解代谢去路是脱氨基代谢。多数氨基酸进行脱氨基反应，生成α-酮酸和NH_3。

（一）氨基酸的脱氨基代谢

氨基酸的脱氨基作用有四种方式：转氨基作用、氧化脱氨基作用、联合脱氨基作用及嘌呤核苷酸循环，其中最主要的是联合脱氨基作用。

1. 转氨基作用　在转氨酶催化下，一种氨基酸的氨基转移到另一种α-酮酸上生成另一种氨基酸和相应的α-酮酸，此称转氨基作用。转氨基反应是可逆的，转氨酶的辅酶是磷酸吡哆醛，作为氨基传递体。

重要的转氨酶有：丙氨酸转氨酶（ALT）、天冬氨酸转氨酶（AST）。ALT在肝组织中活性最强，AST在心肌组织活性最强。氨基移换作用是多数氨基酸分解代谢的起步点，也是合成非必需氨基酸的主要途径。

2. 氧化脱氨基作用　在L-谷氨酸脱氢酶的催化下，谷氨酸脱氢脱氨基生成氨和α-酮戊二酸，此过程称氧化脱氨基。氧化脱氨基反应可逆。L-谷氨酸脱氢酶分布广、活性高，唯肌肉组织中活性低。

3. 联合脱氨基作用　转氨酶与L-谷氨酸脱氢酶或腺苷酸脱氨酶联合作用脱去氨基酸的氨基，此称联合脱氨基作用。转氨酶与L-谷氨酸脱氢酶的联合脱氨基作用是大多数组织中氨基酸脱去氨基的主要方式。

4. 嘌呤核苷酸循环　转氨酶与腺苷酸脱氨酶的联合脱氨基作用，主要存在于肌肉、心肌组织中。在肌肉和心肌组织中由于谷氨酸脱氢酶活性低，故氨基酸以嘌呤核苷酸循环进行联合脱氨，即通过三次转氨、一次氧化（-2H）脱去氨基。反应中因有IMP接受氨基生成AMP，以及AMP脱氨生成IMP的循环式变化，故称为嘌呤核苷酸循环。

（二）α-酮酸代谢

以上反应生成的α-酮酸可进入糖代谢彻底氧化供能，异生成糖，或转变成脂类和营养非必需氨基酸等。根据能转化生成的产物不同，将氨基酸分三类：生酮氨基酸（亮、赖）、生糖兼生酮氨基酸（异亮、苯丙、酪、色）及生糖氨基酸（其余大部分）。

（三）氨的代谢

1. 氨在体内的来源主要有　① 氨基酸分解及其他含氮物分解；② 肾脏泌氨（肾小管上皮细胞内谷氨酰胺分解产生）；③ 肠道吸收的氨（腐败产物中的氨及血中部分尿素通过肠黏膜扩散入肠道，被肠道细菌脲酶水解产生的氨）。

2. 氨在血液中的运输形式　谷氨酰胺和丙氨酸（肌肉组织主要以丙氨酸形式运氨）。

3. 氨的去路主要有　① 合成尿素；② 合成谷氨酰胺（既是氨的运输与储存形式，又是一种解毒形式）；③ 合成营养非必需氨基酸与其他含氮化合物。

4. 尿素的生成　尿素由NH_3和CO_2在肝脏线粒体及胞液内经鸟氨酸循环合成。在鸟氨酸分子上结合的第一分子NH_3是以氨基甲酰磷酸的形式参入合成反应的；第二分子N是以天冬氨酸的形式参入合成的，即NH_3和CO_2在肝脏线粒体的氨基甲酰磷酸合成酶Ⅰ催化下，消耗2分子ATP，生成氨基甲酰磷酸，然后与鸟氨酸结合成瓜氨酸。瓜氨酸再与天冬氨酸结合生成精氨酸代琥珀酸，后者裂解生成延胡索酸和精氨酸。精氨酸在精氨酸酶作用下水解成尿素和鸟氨酸，如此构成一循环式反应。合成尿素的限速酶是精氨酸代琥珀酸合成酶。氨基甲酰磷酸合成酶Ⅰ为变构酶，其变构激活剂是N-乙酰谷氨酸。每合成1分子尿素消耗4个高能磷酸键。

5. 高氨血症和氨中毒　当严重肝功能损伤、尿素合成障碍或其他原因造成血中氨浓度升高时，氨与脑组织中α-酮戊二酸结合成谷氨酸，谷氨酸再结合一分子氨可生成谷氨酰胺，导致α-酮戊二酸减少，三羧酸循环障碍，可发生肝性脑病。

（四）氨基酸脱羧基作用

氨基酸在脱羧酶的作用下脱羧基生成CO_2和氨。氨基酸脱羧酶的辅酶为磷酸吡哆醛。氨基酸的脱羧基作用可生成胺类化合物，有些对机体具有重要生理功用。

1. γ-氨基丁酸：由谷氨酸脱羧生成，为抑制性神经递质。

2. 组胺：由组氨酸脱羧基生成，是强烈的血管扩张剂，还可促进胃酸和胃蛋白酶的分泌。

3. 5-羟色胺：由色氨酸羟化后脱羧基生成，是抑制性神经递质，并有强烈缩血管作用。

4. 牛磺酸：由半胱氨酸氧化后脱羧基生成，是结合型胆汁酸的组成成分。

5. 多胺：由鸟氨酸脱羧基生成腐胺，再转变为精脒、精胺，后两者是调节细胞生长、增殖的重要物质。

四、个别氨基酸代谢

（一）一碳单位代谢

1. 一碳单位的概念　某些氨基酸在代谢中产生的含有一个碳原子的有机基团。包括甲基、甲烯基、亚甲基、甲酰基、亚氨甲基等。

2. 一碳单位的代谢转变　一碳单位的载体是四氢叶酸。有五种氨基酸参与一碳单位生成和代谢，它们分别是丝氨酸、甘氨酸、组氨酸、色氨酸、蛋氨酸（可直接提供甲基）。一碳单位可相互转变，唯甲基四氢叶酸不能转变为其他类型一碳单位。

3. 一碳单位的生理功用：① 作为嘌呤碱基和嘧啶碱基的合成原料；② 由蛋氨酸的活化形式SAM提供的甲基可参与体内广泛的甲基化反应；③ 一碳单位代谢是联系氨基酸与核酸代谢的枢纽。

（二）含硫氨基酸代谢

1. 甲硫氨酸代谢　① 转甲基作用：甲硫氨酸与ATP反应生成S-腺苷蛋氨酸（SAM），又称活性甲硫氨酸，它是活泼的甲基供体。② 甲硫氨酸循环：经此循环将N^5-CH_3-FH_4的甲基通过SAM转出，参与体内广泛存在的甲基化反应，维生素B_{12}是转甲基酶的辅酶。③ 肌酸的合成：肌酸是由精氨酸、甘氨酸并由SAM提供甲基来合成的。磷酸肌酸是高能磷酸键的储存形式。

2. 半胱氨酸与胱氨酸代谢　蛋白质分子中半胱氨酸残基上的巯基与许多酶的活性有关，此类酶称巯基酶。蛋白质分子中的两个半胱氨酸残基可形成二硫键，对维持蛋白质空间结构有重要作用。半胱氨酸可转变成或参与合成多种重要物质，如可氧化为牛磺酸、合成谷胱甘肽（重要的抗氧化物质）等。

含硫氨基酸氧化分解可产生硫酸根，硫酸根可转变为活性硫酸根PAPS。PAPS是体内重要的硫酸基供体，参与肝脏生物转化的结合反应。

（三）芳香族氨基酸代谢

1. 苯丙氨酸和酪氨酸代谢　苯丙氨酸主要的代谢是在苯丙氨酸羟化酶催化下生成酪氨酸。

酪氨酸在神经和肾上腺组织中可代谢转变为儿茶酚胺，包括多巴胺、肾上腺素、去甲肾上腺素；酪氨酸在甲状腺组织参与甲状腺激素的生成；在黑色素细胞经酪氨酸酶等的催化生成黑色素。涉及氨基酸代谢的遗传性疾病较多，如苯丙氨酸羟化酶缺陷则导致大量苯丙氨酸不能进行羟化作用而进行转氨基作用，生成大量苯丙酮酸，导致苯丙酮尿症（并有脑神经发育障碍）；酪氨酸酶缺陷则导致黑色素缺乏，出现白化病。

2. 色氨酸代谢　色氨酸代谢可产生① 5-羟色胺；② $N^5-CHO-FH_4$；③ 尼克酸，但量微。

（四）支链氨基酸代谢

支链氨基酸包括亮氨酸、异亮氨酸和缬氨酸。经相似的代谢过程，亮氨酸产生乙酰辅酶A和乙酰乙酰辅酶A，为生酮氨基酸；异亮氨酸产生乙酰辅酶A和琥珀酰辅酶A，为生糖兼生酮氨基酸；缬氨酸产生琥珀酰辅酶A，为生糖氨基酸。

测　试　题

一、单项选择题

［在备选答案中只有一个是正确的］

1. 氮的正平衡是指
   A. 摄入氮>排出氮
   B. 吸收氮>排出氮
   C. 摄入氮=排出氮
   D. 吸收氮=排出氮
   E. 摄入氮或吸收氮<排出氮
2. 营养必需氨基酸是
   A. 合成蛋白质的编码氨基酸
   B. 体内不能合成，需由食物供给的氨基酸
   C. 体内能合成，不需由食物供给的氨基酸
   D. 非生糖氨基酸
   E. 合成蛋白质与核苷酸不可缺少的氨基酸
3. 食物蛋白质消化的本质是蛋白酶破坏了蛋白质的
   A. —S—S—键
   B. 高级结构
   C. 肽键
   D. 酰胺键
   E. 氢键
4. 胰蛋白酶原的激活是
   A. 在 H^+ 作用下，从N端水解掉6个小肽
   B. 在 H^+ 作用下，从N端水解掉1个6肽
   C. 在肠激酶作用下，破坏二硫键形成活性中心
   D. 在肠激酶作用下，从N端水解掉1个6肽
   E. 在胰蛋白酶作用下，从N端水解掉6个小肽
5. 氨基酸脱氨基的主要方式为
   A. 氧化脱氨基
   B. 还原脱氨基
   C. 水解脱氨基
   D. 转氨基
   E. 联合脱氨基
6. 经转氨基作用可生成草酸乙酸的氨基酸是
   A. 甘氨酸
   B. 天冬氨酸
   C. 蛋氨酸
   D. 谷氨酸
   E. 丙氨酸
7. 转氨基作用可生成谷氨酸的α-酮酸是
   A. 丙酮酸

B. 草酰乙酸
C. 乙酰乙酸
D. α-酮戊二酸
E. 苯丙酮酸

8. 转氨酶的辅酶是
A. 四氢叶酸
B. NAD^+
C. $NADP^+$
D. 磷酸吡哆醛
E. 磷酸吡哆醛或磷酸吡哆胺

9. 氨基酸脱羧酶的辅酶是
A. 四氢叶酸
B. NAD^+
C. $NADP^+$
D. 磷酸吡哆醛
E. 磷酸吡哆醛或磷酸吡哆胺

10. 转氨酶的辅酶含有
A. 维生素 B_1
B. 维生素 B_2
C. 维生素 B_6
D. 维生素 PP
E. 叶酸

11. ALT 可催化下列哪组底物发生氨基移换反应
A. 谷氨酸与丙酮酸
B. 丙氨酸与谷氨酸
C. 天冬氨酸与α-酮戊二酸
D. 草酰乙酸与谷氨酸
E. 草酰乙酸与α-酮戊二酸

12. 关于 ALT 与 AST 的叙述，正确的是
A. ALT 即 GPT（谷氨酸丙氨酸转氨酶）
B. AST 即 GOT（谷氨酸草酸乙酸转氨酶）
C. ALT 在心肌组织活性最强
D. AST 在肝组织活性最强
E. 它们的辅酶是磷酸吡哆醛或磷酸吡哆胺

13. 能直接进行氧化脱氨基作用的氨基酸是
A. 甘氨酸
B. 天冬氨酸
C. 谷氨酸
D. 丝氨酸
E. 丙氨酸

14. 肌肉组织中氨基酸脱氨基的主要方式是
A. 氧化脱氨基
B. 联合脱氨基
C. 转氨基
D. 嘌呤核苷酸循环
E. 丙氨酸-葡萄糖循环

15. 嘌呤核苷酸循环中 IMP 接受的氨基来自
A. AMP
B. 天冬氨酸
C. 谷氨酸
D. 谷氨酰胺
E. 氨基甲酰磷酸

16. 氨基酸分解产生的氨在体内储存及运输的主要形式是
A. 尿素
B. 谷氨酸
C. 谷氨酰胺
D. 天冬氨酸
E. 天冬酰胺

17. 下列属于生酮氨基酸的是
A. 亮氨酸
B. 异亮氨酸
C. 苯丙氨酸
D. 谷氨酸
E. 色氨酸

18. 肾脏中产生的氨主要来自
A. 氨基酸的联合脱氨基作用
B. 谷氨酰胺的水解
C. 氨基酸的氧化脱氨基作用
D. 尿素的水解
E. 嘌呤核苷酸循环

19. 体内氨的主要去路是
A. 随尿排出体外

B. 合成谷氨酰胺
C. 合成营养非必需氨基酸
D. 合成丙氨酸
E. 合成尿素

20. 尿素生成的主要部位是
A. 肾皮质
B. 肾远曲小管上皮细胞
C. 肝细胞液
D. 肝微粒体与细胞液
E. 肝线粒体与细胞液

21. 尿素生成的限速酶是
A. 氨基甲酰磷酸合成酶Ⅰ
B. 氨基甲酰磷酸合成酶Ⅱ
C. 精氨酸代琥珀酸合成酶
D. 腺苷酸代琥珀酸合成酶
E. 精氨酸酶

22. 关于氨基甲酰磷酸合成酶Ⅰ叙述不正确的是
A. 存在于肝细胞线粒体
B. 变构激活剂为N-乙酰谷氨酸
C. 催化尿素合成的起步反应
D. 消耗ATP使NH_3和CO_2合成氨基甲酰磷酸
E. 是合成尿素的关键酶

23. 氨中毒的根本原因是
A. 氨基酸在体内分解过剩
B. 肠道吸收氨过量
C. 肾功能衰竭排出障碍
D. 肝功能低下，尿素合成障碍
E. 合成谷氨酰胺减少

24. 关于γ-氨基丁酸的叙述正确的是
A. 是兴奋性神经递质
B. 由谷氨酸脱羧生成
C. 由谷氨酸脱氢酶催化生成
D. 由天冬氨酸脱羧生成
E. 是氨基甲酰磷酸合成酶Ⅰ的变构激活剂

25. 鸟氨酸脱羧生成
A. 尸胺
B. 腐胺
C. 精脒
D. 精胺
E. 乙醇胺

26. 体内运输一碳单位的载体是
A. 蛋氨酸
B. 生物素
C. 维生素B_{12}
D. 叶酸
E. 四氢叶酸

27. 甲基的直接供体是
A. N_{10}-甲基四氢叶酸
B. S-腺苷蛋氨酸
C. 蛋氨酸
D. 胆碱
E. 肾上腺素

28. 不由酪氨酸代谢生成的物质是
A. 苯丙氨酸
B. 甲状腺激素
C. 三碘甲腺原氨酸
D. 儿茶酚胺类物质
E. 黑色素

29. 白化病是由哪种酶缺陷造成
A. 苯丙氨酸羟化酶
B. 苯丙氨酸转氨酶
C. 酪氨酸羟化酶
D. 酪氨酸酶
E. 多巴脱羧酶

30. 苯丙酮尿症是由哪种酶缺陷造成
A. 苯丙氨酸羟化酶
B. 苯丙氨酸转氨酶
C. 酪氨酸羟化酶
D. 酪氨酸酶
E. 多巴脱羧酶

二、多项选择题

[在备选答案中有两个或两个以上是正确的，错选或未全选的均不给分]

1. 与蛋白质代谢有关的循环途径有
   A. 三羧酸循环
   B. 鸟氨酸循环
   C. 葡萄糖—丙氨酸循环
   D. 嘌呤核苷酸循环
   E. S-腺苷蛋氨酸循环
2. 以下属于必需氨基酸的是
   A. 苏、赖、苯丙、蛋
   B. 异亮、苯丙、酪、色
   C. 缬、色、亮、异亮
   D. 鸟、瓜、羟脯、羟赖
   E. 苯丙、半胱、组、精
3. 营养非必需氨基酸可
   A. 在体内生成
   B. 氧化供能
   C. 异生成糖
   D. 参与蛋白质合成
   E. 参与激素合成
4. 食物蛋白质在肠道中受下列哪种酶水解消化
   A. 胃蛋白酶
   B. 胰蛋白酶
   C. 糜蛋白酶
   D. 弹力蛋白酶
   E. 氨基肽酶与羧基肽酶
5. 下列属于外肽酶的是
   A. 肠激酶
   B. 胰蛋白酶
   C. 羧基肽酶
   D. 氨基肽酶
   E. 胃蛋白酶
6. 下列属于内肽酶的是
   A. 弹力蛋白酶
   B. 胰蛋白酶
   C. 羧基肽酶
   D. 氨基肽酶
   E. 胃蛋白酶
7. 胰蛋白酶可激活
   A. 胰蛋白酶原
   B. 糜蛋白酶原
   C. 弹力蛋白酶原
   D. 羧基肽酶原
   E. 胃蛋白酶原
8. 能激活胰蛋白酶原的物质有
   A. 盐酸
   B. 胆汁酸
   C. 肠激酶
   D. 胰蛋白酶
   E. 胃蛋白酶
9. 蛋白质腐败产物中可含有
   A. 胺类
   B. 吲哚、甲基吲哚
   C. NH_3
   D. CO_2
   E. 少量脂肪酸、维生素 K
10. 体内脱氨基的方式有
    A. 氧化脱氨基
    B. 转氨基
    C. 联合脱氨基
    D. 嘌呤核苷酸循环
    E. 丙氨酸-葡萄糖循环
11. 经氨基移换作用，下列氨基酸可生成相应的α-酮酸
    A. 丙氨酸→丙酮酸
    B. 苏氨酸→草酰乙酸
    C. 天冬氨酸→乙酰乙酸
    D. 谷氨酸→α-酮戊二酸
    E. 苯丙氨酸→苯丙酮酸
12. 经氨基移换作用，下列α-酮酸可生成相应的非必需氨基酸
    A. 丙酮酸→丙氨酸
    B. 草酰乙酸→天冬氨酸

C. α-酮戊二酸→谷氨酸
D. 乙酰乙酸→天冬氨酸
E. γ-酮基戊酸→谷氨酸

13. 以下酶、辅酶及其所含维生素的对应关系正确的是
A. 转氨酶—磷酸吡哆醛或磷酸吡哆胺—维生素 B_6
B. 转氨酶—吡哆醛—维生素 B_6
C. 氨基酸脱羧酶—磷酸吡哆醛—维生素 B_6
D. 谷氨酸脱氢酶—NAD^+—维生素 PP
E. 谷氨酸脱氢酶—$NADP^+$—维生素 B_2

14. 嘌呤核苷酸循环主要在哪些组织中进行
A. 肝脏
B. 肾脏
C. 脑组织
D. 心肌
E. 肌肉组织

15. 嘌呤核苷酸循环
A. 主要在肌肉组织进行，因这里转氨酶种类多
B. 主要在肌肉和心肌组织进行，因这些组织谷氨酸脱氢酶活性低
C. 有 IMP 参与传递氨基
D. 需 GOT（AST）参与
E. 体内多数氨基酸经此途径脱氨

16. 氨基酸脱去氨基产生的 α-酮酸的代谢去路有
A. 氧化供能
B. 异生成糖
C. 转变成脂类
D. 转变成非必需氨基酸
E. 转变成酮体

17. 体内生酮兼生糖氨基酸有
A. 苏氨酸
B. 异亮氨酸
C. 苯丙氨酸
D. 酪氨酸
E. 色氨酸

18. 血氨来自
A. 氨基酸分解产生
B. 含氮化合物分解产生
C. 谷氨酰胺分解产生
D. 肠道腐败产物中的氨
E. 肠道细菌脲酶催化尿素水解产生的氨

19. NH_3 在血液中的运输形式是
A. 谷氨酸
B. 谷氨酰胺
C. 丙氨酸
D. 延胡索酸
E. 天冬氨酸

20. 直接参与尿素合成的氨基酸有
A. 鸟氨酸
B. 瓜氨酸
C. 精氨酸
D. 天冬氨酸
E. N-乙酰谷氨酸

21. 尿素合成的部位在
A. 肝细胞线粒体
B. 肝细胞内质网
C. 肝细胞胞液
D. 肾小管上皮细胞
E. 肾皮质

22. 鸟氨酸循环中消耗能量的反应有
A. $NH_3+CO_2 \rightarrow NH_2-CO\sim P$
B. 氨基甲酰磷酸＋鸟氨酸→瓜氨酸
C. 瓜氨酸＋天冬氨酸→精氨酸代琥珀酸
D. 瓜氨酸＋天冬氨酸→精氨酸
E. 精氨酸水解→尿素＋鸟氨酸

23. 氨基甲酰磷酸合成酶Ⅰ是
A. 合成尿素的限速酶
B. 合成嘧啶环的限速酶
C. 存在于肝细胞线粒体
D. 参与尿素合成的变构酶
E. N-乙酰谷氨酸为变构激活剂

24. 体内提供一碳单位的氨基酸有

A. 甘氨酸
B. 丝氨酸
C. 组氨酸
D. 色氨酸
E. 蛋氨酸

25. 一碳单位有
A. $-CH_3$、$-CH_2-$
B. $-CHO$、$-CH=NH$
C. CO、CO_2
D. HCO_3^-、$-COOH$
E. $-CH=$

26. 需要 S-腺苷蛋氨酸参与的合成反应有
A. 胆碱的生成
B. 肌酸的生成
C. 肾上腺素的生成
D. 蛋白质合成
E. 胸嘧啶的生成

27. 酪氨酸可代谢生成
A. 苯丙氨酸
B. 甲状腺激素
C. 黑色素
D. 肾上腺素
E. 多巴胺

28. 以下各种循环叙述正确的是
A. 丙氨酸-葡萄糖循环是肌肉组织氨的主要运输形式
B. 鸟氨酸循环是 NH_3 在肝内合成尿素的途径
C. 嘌呤核苷酸循环是肌肉等组织氨基酸脱氨的主要途径
D. 柠檬酸-丙酮酸循环促进了乙酰 CoA 出线粒体合成脂肪酸
E. Cori 循环促进乳酸的利用

29. 甘氨酸参与合成的物质有
A. 血红素的合成
B. 肌酸的合成
C. 谷胱甘肽的合成
D. 嘌呤碱的合成
E. N^5，$N^{10}-CH-FH_4$ 的合成

30. 三羧酸循环和嘌呤核苷酸循环的共同中间代谢物质有
A. 延胡索酸
B. 苹果酸
C. 草酸乙酸
D. 柠檬酸
E. 乙酰 CoA

31. 谷氨酰胺是
A. 必需氨基酸
B. 非必需氨基酸
C. 氨的运输形式
D. 氨的解毒产物
E. 氨的储存形式

32. 下列哪些物质属多胺
A. 精胺
B. 精脒
C. 腐胺
D. 组胺
E. γ-氨基丁酸

33. 体内谷氨酸的代谢去路有
A. 谷氨酸→α-酮戊二酸
B. 谷氨酸→γ-氨基丁酸
C. 谷氨酸→谷氨酰胺
D. 谷氨酸→组胺
E. 谷氨酸→ 5-羟色胺

34. 天冬氨酸可参与
A. 嘌呤核苷酸的合成
B. 尿素生成
C. 嘌呤核苷酸循环
D. 嘧啶核苷酸生成
E. 谷胱甘肽生成

35. 磷酸吡哆醛是以下哪些酶的辅酶
A. 谷氨酸脱羧酶
B. 谷丙转氨酶
C. 谷草转氨酶
D. ALA 合酶
E. 谷氨酸脱氢酶

三、填空题

1. 氨基酸脱氨基后生成的 α－酮酸 ，在体内主要代谢途径有________、________、________。
2. 食物蛋白质的消化主要是消化液的蛋白酶水解蛋白质的________键，使其最终以________被吸收。
3. 氮平衡试验需测定氮和氮。有三种情况，分别称作________、________和________。
4. 蛋白质的营养价值主要取决于必需氨基酸的________、________和________。必需氨基酸有________种，它们是________。
5. 胃蛋白酶原在________的作用下被激活，胰蛋白酶原在________的作用下被激活，胰蛋白酶又可激活胰液中的________、________和________，而生成相应有活性的酶。
6. 来自胰液的内肽酶有________、________和________；外肽酶有________、________。
7. 蛋白质的腐败产物主要有________、________、________、________、________及________等。
8. 降低血压的胺类有________；升高血压的胺类有________。
9. 氨基酸脱氨基的方式主要有________、________和________。其中最主要的是________。
10. 转氨酶的辅酶是________，含有维生素________；氨基酸脱羧酶的辅酶是________，含有维生素________。
11. 正常情况下，转氨酶主要分布于细胞内，血清中的活性很低，在肝组织中以________活性最高；在心肌组织中以________活性最高。
12. 急性肝炎时，血清中________（酶）活性明显升高；心肌梗死时血清中________（酶）活性明显升高。
13. 谷氨酸脱氢酶的辅酶是________，含有维生素________。
14. 谷氨酸脱氢酶在________、________、________等组织中普遍存在，活性也较强，但在________和________等组织中的活性低。
15. 联合脱氨基作用主要在________、________、________等组织中进行。而________与________中谷氨酸脱氢酶活性很低，难以进行一般的联合脱氨基作用，而是通过脱去氨基。
16. 体内 NH_3 的来源有________、________、________。
17. NH_3 在血液中主要是以________、________的形式被运输的。
18. NH_3 的代谢去路主要有________、________、________。
19. 尿素是以________、________为原料，在________通过________机制合成的，这是机体对 NH_3 的重要解毒方式。
20. 经鸟氨酸循环生成尿素的过程中，限速酶是________，变构酶是________。
21. 谷氨酸脱羧生成________，它在脑组织中含量很高，是________性神经递质；组氨酸脱羧生成________，它使血压________；色氨酸经羟化、脱羧生成________，它对脑组织是________性神经递质，并促进周围血管________使血压________。
22. 一碳单位可由________、________、________、________和________提供其载体主要是________，一碳单位的主要功用是________。

23. 蛋氨酸的活化型是________，它是________的直接供体。
24. 体内含硫氨基酸有________和________。
25. 苯丙氨酸在________酶作用下生成酪氨酸，若该酶先天缺陷则苯丙氨酸大量经转氨生成________，引起________。
26. 酪氨酸碘化可生成________；酪氨酸经________等作用可生成黑色素，该酶缺陷则出现________；由酪氨酸生成儿茶酚胺类化合物的关键酶是________，儿茶酚胺类物质包括________、________及________。

四、名词解释

1. 氮平衡
2. 蛋白质互补作用
3. 营养必需氨基酸
4. 转氨基作用
5. 联合脱氨基作用
6. 一碳单位
7. 蛋白质的腐败作用
8. 鸟氨酸循环

五、简答题

1. 体内氨基酸的脱氨基方式有哪些？哪一种是主要方式？
2. 简述血液氨基酸的来源与去路。
3. 以丙氨酸为例，写出联合脱氨的反应式，并注明主要酶类名称。
4. 何谓蛋氨酸循环？有何生理意义？

六、论述题

1. 一分子天冬氨酸在肝脏彻底氧化分解生成水、CO_2和尿素可净生成多少分子 ATP？简述代谢过程。
2. 维生素 B_6在氨基酸代谢中有哪些重要功用？
3. 丙氨酸能异生成糖吗？若能，写出主要反应式；若不能，需说明理由。
4. 谷氨酸在体内代谢可生成哪些物质？写出主要反应。
5. 试述丙氨酸—葡萄糖循环的过程和生理意义。
6. 试述肝昏迷的发病机制。

参考答案

一、单项选择题

1. A	2. B	3. C	4. D	5. E	6. B	7. D	8. E
9. D	10. C	11. A	12. E	13. C	14. D	15. B	16. C
17. A	18. B	19. E	20. E	21. C	22. E	23. D	24. B
25. B	26. E	27. B	28. A	29. D	30. A		

二、多项选择题

1. ABCDE　2. AC　3. ABCD　4. BCDE　5. CD　6. ABE
7. ABCD　8. CD　9. ABCDE　10. ABCD　11. ADE　12. ABC
13. ACD　14. DE　15. BCD　16. ABCDE　17. BCDE　18. ABCDE
19. BC　20. ABCD　21. AC　22. AC　23. CDE　24. ABCDE
25. ABE　26. ABCE　27. BCDE　28. ABCDE　29. ABCDE　30. ABC
31. BCDE　32. ABC　33. ABC　34. ABCD　35. ABCD

三、填空题

1. 合成营养非必需氨基酸　转化成糖及脂类　氧化供能
2. 肽　氨基酸
3. 摄入　排出　氮总平衡　氮正平衡　氮负平衡
4. 含量　种类　比例　八　苏　赖　苯丙　蛋　缬　色　亮　异亮
5. H^+（或胃酸）　肠激酶　糜蛋白酶原　弹力蛋白酶原　羧基肽酶原
6. 胰蛋白酶　糜蛋白酶　弹力蛋白酶　氨基肽酶　羧基肽酶
7. 胺　氨　酚　吲哚　甲基吲哚　H_2S
8. 组胺　5-羟色胺
9. 转氨　氧化脱氨　联合脱氨　联合脱氨
10. 磷酸吡哆醛或磷酸吡哆胺　B_6　磷酸吡哆醛　B_6
11. ALT（GPT）　AST（GOT）
12. ALT　AST
13. NAD^+　pp
14. 肝　肾　脑　肌肉　心肌
15. 肝　肾　脑　肌肉　心肌　嘌呤核苷酸循环
16. 氨基酸脱氨基　其他含氮物分解　肠道腐败产物中的氨和尿素分解产生的氨
17. 谷氨酰胺　丙氨酸
18. 合成谷氨酰胺　合成尿素　合成非必需氨基酸与其他含氮物
19. NH_3　CO_2　肝细胞线粒体和胞液　鸟氨酸循环
20. 精氨酸代琥珀酸合成酶　氨基甲酰磷酸合成酶Ⅰ
21. γ-氨基丁酸　抑制　组胺　降低　5-羟色胺　抑制　收缩　升高
22. 甘　丝　组　色　蛋氨酸　FH_4　参与合成嘌呤、嘧啶核苷酸等重要化合物
23. S-腺苷蛋氨酸　$-CH_3$
24. 蛋氨酸　半胱氨酸
25. 苯丙氨酸羟化　苯丙酮酸　苯丙酮尿症
26. 甲状腺激素　酪氨酸酶　白化病　酪氨酸羟化酶　去甲肾上腺素　肾上腺素　多巴胺

四、名词解释

1. 是指测定摄入食物中的含氮量即摄入氮和粪、尿含氮量即排出氮来研究体内蛋白质代谢

情况的一种实验。

2. 几种营养价值较低的蛋白质合理混合食用，使其必需氨基酸相互补充，以提高其营养价值，此称蛋白质互补作用。
3. 是指机体需要又不能自身合成，必须由食物摄入的氨基酸。共 8 种，包括苏氨酸、亮氨酸、异亮氨酸、赖氨酸、色氨酸、缬氨酸、苯丙氨酸、甲硫氨酸。
4. 在转氨酶催化下，一种氨基酸的 α-氨基转移到另一种 α-酮酸上，生成另一种氨基酸和相应的 α-酮酸，此过程称转氨基作用。
5. 转氨酶与 L-谷氨酸脱氢酶或腺苷酸脱氨酶联合作用脱去氨基酸的氨基，此过程称联合脱氨基作用。
6. 某些氨基酸在代谢过程中产生的含有一个碳原子的有机基团称一碳单位。如 $-CH_3$、$-CH_2-$、$-CH=$、$-CHO$、$-CH=NH$ 等。由甘、丝、组、色氨酸代谢产生，不单独存在，主要由 FH_4 携带转运，用于合成嘌呤、嘧啶类化合物、肾上腺素等重要物质。
7. 食物蛋白质在肠道中部分未被消化及未被吸收的产物，受肠道细菌酶的作用，发生氧化、还原、水解、脱羧、脱氨等反应，称为蛋白质的腐败作用。腐败作用的大多数产物对人体有害，如胺类、吲哚、氨、苯酚、硫化氢等。
8. 又称尿素循环。是 NH_3 与 CO_2 在肝脏合成尿素的途径。在该循环中，鸟氨酸首先与 NH_3 与 CO_2 合成瓜氨酸，再结合 NH_3 形成精氨酸，后者在精氨酸酶催化下水解为尿素和鸟氨酸，构成循环式反应。鸟氨酸可反复利用。氨经鸟氨酸循环合成尿素是体内清除氨毒的主要方式。尿素中性、无毒、水溶性强，可经肾脏从尿中排出。

五、简答题

1. 脱氨基是氨基酸的主要分解途径，在体内氨基酸可通过氧化脱氨基、转氨基、联合脱氨基等方式脱氨基，其中联合脱氨基是主要方式。
2. 体内氨的来源有三条：氨基酸脱氨（主要来源）、肠道吸收及肾产生；体内氨的去路有三条：① 在肝内合成尿素，然后由肾排出（体内氨的主要去路）；② 重新合成氨基酸；③ 合成其他含氮化合物。
3.

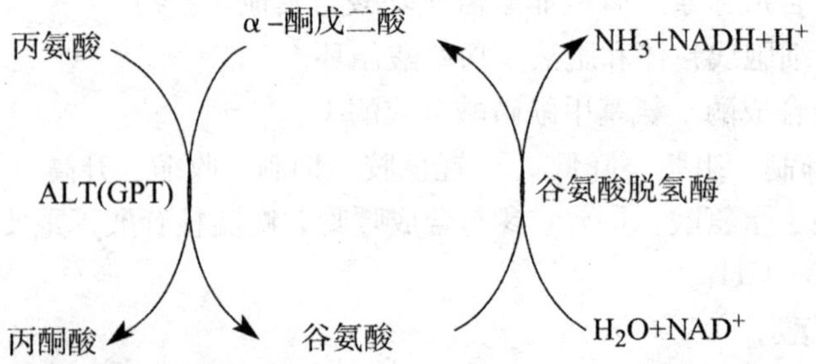

4. 甲硫氨酸循环是指甲硫氨酸在腺苷转移酶的催化下与 ATP 反应，生成 S-腺苷甲硫氨酸 (SAM)，SAM 在甲基转移酶的作用下，将甲基转移至其他物质使其甲基化，如生成胆碱、肾上腺素、肉碱等活性物质。SAM 去甲基后生成 S-腺苷同型半胱氨酸。后者在脱去腺苷生成同型半胱氨酸。同型半胱氨酸再接受 N^5-甲基四氢叶酸（$N^5-CH_3-FH_4$）上的甲基，重新生成甲硫氨酸，形成一个循环，此循环称为甲硫氨酸循环。

此循环的意义是通过 SAM 提供甲基以进行甲基化反应和利用 $N^5-CH_3-FH_4$，为同型半胱氨酸提供甲基再生成甲硫氨酸，以进行体内广泛存在的甲基化反应，同时节约了营养必需氨基酸-甲硫氨酸。

六、论述题

1. 1 分子天冬氨酸在肝脏彻底氧化分解生成水、CO_2、尿素可净生成 16 分子 ATP。其代谢过程：天冬氨酸在肝细胞线粒体中经联合脱氨基生成 1 分子氨和 1 分子草酰乙酸并产生 1 分子 $NADH+H^+$。1 分子氨进入鸟氨酸循环与来自另 1 分子天冬氨酸的氨基形成 1 分子尿素，此步相当于消耗 2 分子 ATP。产生的 1 分子 $NADH+H^+$ 经呼吸链氧化生成 3 分子 ATP。草酰乙酸在线粒体中需 1 分子 $NADH+H^+$ 还原为苹果酸，苹果酸穿出线粒体在胞液中生成草酰乙酸和 1 分子 $NADH+H^+$（$NADH+H^+$ 在肝细胞中主要通过苹果酸—天冬氨酸穿梭进入线粒体补充消耗的 1 分子 $NADH+H^+$），草酰乙酸→磷酸烯醇式丙酮酸→丙酮酸，分别消耗 1 分 GTP 和产生 1 分子 ATP，可抵消。丙酮酸进入线粒体经丙酮酸脱氢酶催化生成 1 分子乙酰 CoA 和 1 分子 $NADH+H^+$，经三羧酸循环及氧化呼吸链可产生 15 分子 ATP，1 分子天冬氨酸彻底分解可净产生 $15+3-2=16$ 分子 ATP。
2. 维生素 B_6 包括吡哆醇、吡哆醛、吡哆胺。维生素 B_6 的磷酸酯是氨基酸代谢中转氨酶和脱羧酶的辅酶。① 作为转氨酶的辅酶——磷酸吡哆醛或磷酸吡哆胺，在氨基移换过程中起传递氨基的作用；② 作为氨基酸脱羧酶的辅酶——磷酸吡哆醛。它与 γ 氨基丁酸、组胺、5-羟色胺等重要物质的生成有关。
3. 丙氨酸是生糖氨基酸，能异生成糖。反应如下：

   ① 丙氨酸＋α-酮戊二酸 $\xrightarrow{\text{ALT (GPT)}}$ 丙酮酸＋谷氨酸

   ② 丙酮酸进入糖代谢途径，异生成糖

   丙酮酸 $\xrightarrow{\text{丙酮酸羧化酶}}$ 草酰乙酸 $\xrightarrow{\text{磷酸烯醇式丙酮酸羧激酶}}$ 磷酸烯醇式丙酮酸 ⟶ 1，6-二磷酸果糖 $\xrightarrow{\text{果糖二磷酸酶}}$ 6-磷酸葡萄糖 $\xrightarrow{\text{葡萄糖-6-磷酸酶}}$ 葡萄糖
4. 谷氨酸代谢去路有：

   （1）合成——① 参与蛋白质生物合成

   ② 合成谷胱甘肽（谷-半胱-甘）

   ③ 合成谷氨酰胺（既是氨的储存、运输形式，也是一种非必需氨基酸）

   （2）分解——① 脱氨基（或转氨）

   谷氨酸＋ NH_3→α-酮戊二酸＋NH_3

   谷氨酸＋α-酮酸→α-酮戊二酸＋氨基酸

   α-酮戊二酸进入糖代谢途径可彻底氧化→CO_2、H_2O 并释放大量能量

   ② 脱羧基：

   谷氨酸→γ-氨基丁酸

   （3）转化——谷氨酸脱氨生成的 α-酮戊二酸可转化生成以下多种化合物：

   ① 转变为糖 α-酮戊二酸沿着三羧酸循环顺反应→草酰乙酸

草酰乙酸$\xrightarrow{\text{磷酸烯醇式丙酮酸羧激酶}}$磷酸烯醇式丙酮酸→1，6-二磷酸果糖

1，6-二磷酸果糖$\xrightarrow{\text{果糖二磷酸酶}}$6-磷酸果糖→G-6-P$\xrightarrow{\text{葡萄糖-6-磷酸酶}}$葡萄糖

② 转变为脂肪　α-酮戊二酸沿糖异生途径生成磷酸二羟丙酮→磷酸甘油

α-酮戊二酸沿糖氧化途径→草酰乙酸→丙酮酸→乙酰CoA→脂酰CoA

磷酸甘油+3脂酰CoA→脂肪

③ 合成非必需氨基酸等　α-酮戊二酸（5碳酮酸）可经糖氧化途径再衍变生成草酰乙酸（4碳酮酸）、丙酮酸（3碳酮酸）等，以上各种α-酮酸均可经转氨生成相应的非必需氨基酸，如谷氨酸（5碳）、天冬氨酸（4碳）、丙氨酸（3碳）等。

5. 肌肉中的氨基酸将氨基转给丙酮酸生成丙氨酸，后者经血液循环转运至肝脏，通过联合脱氨基作用释放出氨和丙酮酸，氨用于尿素的合成，丙酮酸经糖异生转变为葡萄糖后再经血液循环转运至肌肉重新分解产生丙酮酸，再接受氨基生成丙氨酸。这一循环过程称为丙氨酸-葡萄糖循环。通过此循环使肌肉的氨以无毒的丙氨酸形式运输至肝脏。

6. 严重肝功能障碍时，肝脏尿素合成功能下降，导致血氨升高，氨进入脑组织可与脑组织中α-酮戊二酸结合生成谷氨酸，并可进一步生成谷氨酰胺，引起脑组织中α-酮戊二酸减少、三羧酸循环减弱，使ATP生成减少，脑功能发生障碍，导致肝昏迷。此外，肠道蛋白质腐败产物吸收后因不能在肝脏有效解毒、处理也成为肝昏迷的成因之一，尤其是酪胺和苯乙胺，因肝功能障碍未分解而进入脑组织，可分别羟化后形成β-羟酪胺和苯乙醇胺，因与儿茶酚胺相似，称假神经递质，可取代正常神经递质儿茶酚胺，但不能传导神经冲动，引起大脑异常抑制，导致肝昏迷。

（山东医学高等专科学校　孙秀玲）

第八章　核苷酸代谢

重点解析

核苷酸是组成核酸的基本结构单位，在体内具有多种重要的生物学功能。核苷酸最主要的功能是作为合成核酸分子的基本原料，还可作为体内能量的利用形式，构成辅酶和参与相关代谢，充当载体、活化中间代谢物以及形成信号物质参与生理调节等。体内的核苷酸主要由机体细胞自身合成，食物来源的嘌呤和嘧啶很少被机体利用。

食物中的核酸在消化道中经胰腺和肠道分泌的多种酶作用下逐步分解。但其生成的碱基大部分可以进一步被分解而排出体外，极少被机体利用。人体内的核苷酸基本上是由机体细胞自身合成的。因此，与营养必需氨基酸不同，核苷酸不属于营养必需物质。

体内嘌呤核苷酸的合成有两条途径：从头合成和补救合成。从头合成的原料是磷酸核糖、氨基酸、一碳单位及CO_2等简单物质，在 PRPP 的基础上经过一系列酶促反应，逐步形成嘌呤环，并以 IMP 为共同的合成前体，然后再分别转变成 AMP 和 GMP。从头合成过程受着精确的反馈调节，PRPP 浓度是合成过程中最主要的决定因素。补救合成主要存在于脑组织和骨髓，是现成的嘌呤或嘌呤核苷的重新利用，虽然合成量较少，但也有重要的生理意义。

体内嘧啶核苷酸的合成也有从头合成和补救合成两条途径。与嘌呤核苷酸不同的是先合成嘧啶环，再磷酸核糖化生成核苷酸。嘧啶核苷酸的从头合成是由两组多功能酶催化的，既有利于以相同的速率参与嘧啶核苷酸的合成，还可受到阻遏或去阻遏的调节。嘧啶与嘌呤的合成产物也可相互调控合成过程，使双方的合成速度均衡。

体内脱氧核糖核苷酸的合成，是在二磷酸水平上由各自相应的核糖核苷酸直接还原而成。核糖核苷酸还原酶催化此反应，受变构调节所控制。

在临床治疗肿瘤中，常依据酶竞争性抑制的作用原理，针对核苷酸代谢过程的不同环节，应用类似代谢物的药物，阻断或干扰核苷酸及核酸的合成代谢，使癌变细胞中核酸和蛋白质的生物合成迅速地被抑制，从而控制肿瘤的发展。此类药物按化学结构被分为两大类，一类是嘌呤、嘧啶、核苷类似物，通过转变为异常核苷酸干扰核苷酸的生物合成。另一类是谷氨酰胺、叶酸等的类似物，可直接阻断谷氨酰胺、一碳单位在核苷酸合成中的作用。临床上常用的抗代谢物主要有 6-巯基嘌呤、5-氟尿嘧啶、甲氨蝶呤和氮杂丝氨酸等。

在核苷酸的分解代谢方面，重点熟悉嘌呤核苷酸的分解。尿酸是嘌呤核苷酸在体内分解代谢的终产物，黄嘌呤氧化酶是降解过程中的重要酶。痛风症是以血中尿酸含量升高为主要特征的疾病，主要是由于嘌呤代谢异常，导致尿酸生成过多而引起。由于别嘌呤醇是次黄嘌呤的类似物，可抑制黄嘌呤氧化酶的活性，减少尿酸的生成，故在临床上用以治疗痛风症。目前基因工程技术不断进步，通过基因治疗等多种手段，已经在 HGPRT 缺乏症的治疗方面取得相当成效。

嘧啶碱的分解产物主要是β-氨基酸，因水溶性强而直接随尿排出体外。

测 试 题

一、单项选择题

［在备选答案中只有一个是正确的］

1. 体内进行嘌呤核苷酸从头合成最主要的组织是
   A. 心肌
   B. 肝
   C. 骨髓
   D. 脑
   E. 乳腺
2. 嘌呤核苷酸从头合成时首先合成的是
   A. GMP
   B. AMP
   C. IMP
   D. ATP
   E. GTP
3. 胸腺嘧啶的甲基来自
   A. N^5，$N^{10}=CH-FH_4$
   B. N^5，$N^{10}-CH-FH_4$
   C. $N^{10}-CHO-FH_4$
   D. $N^5-CH=NH-FH_4$
   E. $N^5-CH_3-FH_4$
4. 体内直接还原生成脱氧核苷酸的物质是
   A. 核糖
   B. 核糖核苷
   C. 三磷酸核苷
   D. 二磷酸核苷
   E. 一磷酸核苷
5. dTMP合成的直接前体是
   A. TMP
   B. dTDP
   C. dUMP
   D. dUDP
   E. dCMP
6. 嘧啶环中的两个氮原子分别来自
   A. 谷氨酰胺和氨
   B. 谷氨酰胺和天冬酰胺
   C. 谷氨酰胺和谷氨酸
   D. 谷氨酸和氨基甲酰磷酸
   E. 天冬氨酸和谷氨酰胺
7. 嘌呤核苷酸的代谢终产物是
   A. 尿素
   B. 黄嘌呤
   C. 尿酸
   D. 次黄嘌呤
   E. 乳清酸
8. 在体内能分解为β-氨基异丁酸的核苷酸是
   A. dTMP
   B. UMP
   C. IMP
   D. AMP
   E. CMP
9. 下列物质中作为合成IMP和UMP共同原料的是
   A. 甘氨酸
   B. 蛋氨酸
   C. 磷酸核糖
   D. 一碳单位
   E. 天冬酰胺
10. HGPRT（次黄嘌呤-鸟嘌呤磷酸核糖转移酶）参与的反应途径是
    A. 嘌呤核苷酸补救合成
    B. 嘌呤核苷酸从头合成
    C. 嘌呤核苷酸分解代谢
    D. 嘧啶核苷酸补救合成
    E. 嘧啶核苷酸从头合成

11. 5-Fu 的抗肿瘤作用机制为
A. 抑制尿嘧啶的合成，从而减少 RNA 的生物合成
B. 抑制胸腺嘧啶核苷酸合成酶的活性，从而抑制 DNA 的生物合成
C. 合成错误的 DNA，抑制癌细胞生长
D. 抑制胞嘧啶的合成，从而抑制 DNA 的生物合成
E. 抑制二氢叶酸还原酶的活性，从而抑制了 TMP 的合成

12. 氨甲蝶呤和氨基蝶呤抗肿瘤的机制是抑制
A. 谷氨酰胺中酰胺基的转移
B. 向新生成的环状结构中加入 CO_2
C. 天冬氨酸上氮的提供
D. ATP 中磷酸键能量的传递
E. 二氢叶酸还原成四氢叶酸

13. 最直接联系核苷酸合成与糖代谢的物质是
A. 葡萄糖
B. 6-磷酸葡萄糖
C. 6-磷酸果糖
D. 1，6-二磷酸果糖
E. 5-磷酸核糖

14. PRPP 合成酶参与的反应途径是
A. 嘧啶核苷酸从头合成
B. 嘌呤核苷酸从头合成
C. 嘌呤核苷酸分解代谢
D. 嘧啶核苷酸补救合成
E. 嘌呤核苷酸补救合成

15. 下列不是嘌呤核苷酸从头合成直接原料的是
A. 甘氨酸
B. 天冬氨酸
C. 谷氨酸
D. CO_2
E. 一碳单位

16. 使用谷氨酰胺的类似物作抗代谢物，能阻断的反应环节是
A. UMP 的生成
B. IMP 的生成
C. XMP→GMP
D. UMP→ CMP
E. UTP→CTP

17. 下列关于嘧啶分解代谢的叙述正确的是
A. 终产物为尿酸
B. 可引起痛风
C. 产生 α-氨基酸
D. 需要黄嘌呤氧化酶
E. 产生氨和二氧化碳

18. 体内脱氧核苷酸生成的主要方式是
A. 由一磷酸核苷还原
B. 由二磷酸核苷还原
C. 由三磷酸核苷还原
D. 由核苷直接还原
E. 由核酸直接还原

19. 有关嘧啶环生物合成的叙述正确的是
A. 碱基与 5'-磷酸核糖相连
B. 一碳单位由叶酸的衍生物提供
C. 氨基甲酰磷酸提供一个氨甲酰基
D. 甘氨酸完整地渗入分子中
E. 谷氨酸是氮原子的供体

20. 提供其分子中全部 N 和 C 原子合成嘌呤环的氨基酸是
A. 天冬氨酸
B. 甘氨酸
C. 谷氨酸
D. 丝氨酸
E. 谷氨酰胺

二、多项选择题

[在备选答案中有两个或两个以上是正确的，错选或未选全的均不给分]

1. 下列需要一碳单位参加的反应是
A. IMP 的合成

B. IMP→GMP
C. UMP 的合成
D. dTMP 的生成
E. UTP→CTP

2. 体内核苷酸具有的功能包括
A. 参与 DNA 合成
B. 参与 RNA 合成
C. 参与某些辅酶组成
D. 参与供能
E. 参与物质代谢调节

3. 嘧啶分解的代谢产物有
A. CO_2
B. β-氨基酸
C. NH_3
D. 尿酸
E. 尿素

4. PRPP（磷酸核糖焦磷酸）参与的反应有
A. IMP 从头合成
B. IMP 补救合成
C. GMP 补救合成
D. UMP 从头合成
E. 嘧啶核苷酸补救合成

5. 分解终产物是尿酸的物质有
A. AMP
B. UMP
C. IMP
D. TMP
E. CMP

6. 关于嘌呤核苷酸从头合成的叙述正确的是
A. 需要 PRPP
B. 先合成嘌呤环，后合成核苷酸
C. 需要一碳单位
D. 首先生成 AMP
E. 酰胺转移酶是重要的调节酶

7. 可能与痛风症的产生有关的是
A. 嘌呤核苷酸分解增强
B. 嘧啶核苷酸分解增强
C. 嘧啶核苷酸合成增强
D. 尿酸生成过多
E. 尿酸排泄障碍

8. 嘌呤核苷酸从头合成的原料包括
A. 5-磷酸核糖
B. 一碳单位
C. CO_2
D. 谷氨酰胺
E. 天冬氨酸

9. 嘌呤环中的氮原子来自
A. 甘氨酸
B. 天冬氨酸
C. 谷氨酰胺
D. 谷氨酸
E. 丙氨酸

10. 对嘌呤核苷酸的生物合成具有反馈抑制作用的是
A. IMP
B. AMP
C. GMP
D. 尿酸
E. PRPP

11. 6-巯基嘌呤抑制嘌呤核苷酸合成，是由于
A. 6-巯基嘌呤抑制 IMP 生成 AMP
B. 6-巯基嘌呤抑制 IMP 生成 GMP
C. 6-巯基嘌呤的结构与次黄嘌呤相似
D. 6-巯基嘌呤抑制补救途径
E. 6-巯基嘌呤抑制次黄嘌呤的合成

12. 下列关于黄嘌呤氧化酶的叙述正确的是
A. 催化次黄嘌呤氧化
B. 催化黄嘌呤氧化
C. 催化腺嘌呤氧化
D. 催化鸟嘌呤氧化
E. 催化别嘌呤醇氧化

13. 别嘌呤醇的作用是
A. 次黄嘌呤的类似物
B. 抑制黄嘌呤氧化酶
C. 可降低痛风患者体内尿酸水平
D. 使痛风患者尿中次黄嘌呤和黄嘌呤

的排泄量减少
E. 抑制鸟嘌呤转变为黄嘌呤
14. 关于核糖核苷酸还原成脱氧核糖核苷酸的叙述正确的是
A. 所有四种核苷酸都涉及相同的还原酶体系
B. 多发生在二磷酸核苷水平
C. 涉及核苷酸中糖苷键的断裂
D. 与 $NADPH+H^+$ 有关
E. 涉及磷酸化过程
15. 胞嘧啶核苷酸从头合成的原料包括
A. 5-磷酸核糖
B. 谷氨酰胺
C. CO_2
D. 一碳单位
E. 天冬氨酸
16. 关于乳清酸尿症特点的叙述正确的是
A. 给病人以尿嘧啶核苷时可减轻
B. 给病人以胞嘧啶核苷时可减轻
C. 在缺少乳清酸磷酸核糖转移酶时出现此症
D. 在缺少乳清酸核苷酸脱羧酶时出现此症
E. 以尿中乳清酸增高为特征
17. 在细胞中自 UMP 合成 dTMP 的有关反应涉及
A. 四氢叶酸衍生物传递一碳单位
B. 四氢叶酸氧化成二氢叶酸
C. 中间产物为 dUDP
D. 受 5-氟尿嘧啶抑制
E. 涉及磷酸化反应
18. 嘧啶合成的反馈抑制作用是由于抑制了
A. 氨基甲酰磷酸合成酶Ⅱ的活性
B. 二氢乳清酸酶的活性
C. 天冬氨酸转氨甲酰酶的活性
D. 乳清酸核苷酸脱羧酶的活性
E. 乳清酸磷酸核糖转移酶的活性
19. 合成反应涉及谷氨酰胺分子上的酰胺氮的是
A. 胞嘧啶的氨基
B. 嘌呤环的两个氮原子
C. 鸟嘌呤的氨基
D. 嘧啶环的两个氮原子
E. 腺嘌呤的氨基
20. 氮杂丝氨酸的抗代谢作用在于
A. 抑制嘌呤环的合成
B. 抑制嘧啶环的合成
C. 抑制尿嘧啶核苷酸生成胞嘧啶核苷酸
D. 结构与天冬氨酸相似而发生了拮抗作用
E. 抑制次黄嘌呤核苷酸生成腺嘌呤核苷酸
21. 能分解生成β-氨基酸的化合物有
A. UMP
B. CMP
C. dTMP
D. AMP
E. GMP
22. 嘌呤核苷酸合成和嘧啶核苷酸合成共同需要的物质是
A. 延胡索酸
B. 甲酸
C. 天冬氨酸
D. 谷氨酰胺
E. 5-磷酸核糖
23. 以 PRPP 为重要中间代谢物的代谢途径有
A. 嘌呤核苷酸的从头合成
B. 嘧啶核苷酸的从头合成
C. 嘌呤核苷酸的补救途径
D. NMP→NDP→NTP
E. 甘氨酸的合成
24. 嘌呤核苷酸从头合成的原料包括
A. 磷酸核糖
B. CO_2
C. 一碳单位
D. 谷氨酰胺和天冬氨酸

E. 延胡索酸

25. 需要一碳单位参加的反应有

A. dTMP 的生成

B. IMP 的合成

C. UMP 的合成

D. IMP 转变为 GMP

E. 核苷酸转变为脱氧核苷酸

26. 对嘌呤核苷酸合成有反馈抑制作用的化合物是

A. IMP

B. AMP

C. GMP

D. 尿酸

E. 谷氨酰胺

27. 分解终产物为尿酸的物质是

A. AMP

B. UMP

C. IMP

D. TMP

E. 谷氨酰胺

28. 关于核糖核苷酸还原成脱氧核糖核苷酸的叙述正确的是

A. 4 种核苷酸都涉及相同的还原酶体系

B. 多发在二磷酸核苷酸水平上

C. 还原酶系包括氧化还原蛋白和硫氧化蛋白还原酶

D. 有 $NADPH+H^+$ 参与

E. 有谷氨酰胺参与

29. 嘧啶核苷酸合成反馈抑制作用主要抑制

A. 氨基甲酰磷酸合成酶Ⅱ

B. 二氢乳清酸酶

C. 天冬氨酸氨基甲酰转移酶

D. 乳清酸核苷酸脱羧转移酶

E. 酰胺转移酶

30. 叶酸类似物抑制的反应有

A. 嘌呤核苷酸的从头合成

B. 嘌呤核苷酸的补救合成

C. 胸腺嘧啶核苷酸的生成

D. 嘧啶核苷酸的补救合成

E. 尿素合成

31. 嘧啶核苷酸分解代谢产物有

A. β-氨基酸

B. 尿酸

C. CO_2

D. NH_3

E. 谷氨酰胺

三、填空题

1. 体内常见的两种环核苷酸是________和________。
2. 核苷酸合成代谢调节的主要方式是________，其生理意义是________。
3. 体内脱氧核苷酸是由________直接还原而生成，催化此反应的酶是________。
4. 在嘌呤核苷酸从头合成中最重要的调节酶是________和________。
5. 别嘌呤醇治疗痛风症的原理是由于其结构与________相似，并抑制________酶的活性。
6. 氨甲蝶呤（MTX）干扰核苷酸合成是因为其结构与________相似，并抑制________酶，进而影响一碳单位代谢。
7. 核苷酸抗代谢物中，常见的嘌呤类似物有________，常见的嘧啶类似物有________。
8. 人体内嘌呤核苷酸分解代谢的最终产物是________，与其生成有关的重要酶是________。
9. 体内 ATP 与 GTP 的生成交叉调节，以维持二者的平衡。这种调节是由于：IMP→AMP 需要________；而 IMP→GMP 需要________。
10. 胞嘧啶的分解产物是________，而胸腺嘧啶的分解产物是________。

四、名词解释

1. 核苷酸的从头合成
2. 自毁容貌征
3. 核苷酸合成的反馈调节
4. 核苷酸合成的交叉调节
5. 核苷酸的抗代谢物
6. 痛风症

五、简答题

1. 简述核苷酸在体内的主要生理功用。
2. 简述 PRPP（磷酸核糖焦磷酸）在核苷酸代谢中的重要性。
3. 嘌呤核苷酸补救合成有何重要意义？

六、论述题

1. 嘌呤核苷酸和嘧啶核苷酸合成的原料有何不同？它们的合成过程各有什么特点？
2. 试述核苷酸代谢的抗代谢物及其临床意义。
3. 讨论核苷酸对体内物质代谢中的主要作用。

参考答案

一、单项选择题

1. B	2. C	3. B	4. D	5. C	6. E	7. C	8. A
9. C	10. A	11. B	12. E	13. E	14. B	15. C	16. E
17. E	18. B	19. C	20. B				

二、多项选择题

1. AD	2. ABCDE	3. ABC	4. ABCDE	5. AC	6. ACE
7. ADE	8. ABCDE	9. ABC	10. ABC	11. ABCD	12. ABE
13. ABCE	14. ABD	15. ABCE	16. ABCDE	17. ABCDE	18. AC
19. ABC	20. ABC	21. ABC	22. CDE	23. ABC	24. ABCD
25. AB	26. ABC	27. AC	28. ABCD	29. AC	30. AC
31. A C D					

三、填空题

1. cAMP（环磷酸腺苷）　cGMP（环磷酸鸟苷）
2. 反馈调节　满足机体对核酸的需要并避免营养物及能量的浪费
3. 核糖核苷酸　核糖核苷酸还原酶
4. 磷酸核糖焦磷酸激酶　磷酸核糖氨基转移酶
5. 次黄嘌呤　黄嘌呤氧化
6. 叶酸　二氢叶酸还原

7. 6-巯基嘌呤（6-MP）　5-氟尿嘧啶（5-FU）
8. 尿酸　黄嘌呤氧化酶
9. GTP　ATP
10. β-丙氨酸　β-氨基异丁酸

四、名词解释

1. 两类核苷酸合成的主要途径，即由简单化合物如磷酸核糖、氨基酸、一碳单位及 CO_2 等为原料，经过一系列酶促反应合成核苷酸的途径。
2. 是一种 X 染色体连锁的隐性遗传病，因遗传性基因缺陷导致 HGPRT 严重不足或完全缺失，称为 Lesch-Nyhan 综合征或称自毁容貌征，患儿表现为智力减退、有自残行为，并伴有高尿酸血症等。
3. 核苷酸合成过程中，反应产物对反应过程中某些酶活性的抑制。
4. IMP 转变成 GMP 时需要 ATP，而 IMP 转变成 AMP 时也需要 GTP。因此，GTP 可以促进 AMP 的生成，ATP 也可以促进 GMP 的生成。这种调控方式称为交叉调节作用，使腺嘌呤核苷酸和鸟嘌呤核苷酸的合成保持平衡。
5. 某些药物是嘌呤、嘧啶、叶酸以及某些氨基酸的类似物，它们可以通过竞争性抑制或“以假乱真”等方式干扰或阻断核苷酸的正常合成代谢，从而抑制核酸、蛋白质合成及细胞增殖，这些药物即为核苷酸的抗代谢物。
6. 痛风症是以血中尿酸含量升高为主要特征的疾病，主要是由于嘌呤代谢异常，导致尿酸生成过多而引起。尿酸盐所形成的晶体可沉积在关节、软组织、软骨及肾脏等处，从而引起关节炎、尿路结石及肾脏疾病。

五、简答题

1. （1）合成大分子核酸 DNA、RNA 的基本原料。
（2）作为生物体主要能源物质，如 ATP、GTP 等。
（3）活性代谢中间物如 UDPG、CDP-胆碱等。
（4）代谢调节物，如环核苷酸 cAMP、cGMP。
（5）构成辅酶，如 AMP 是 NAD^+、FAD、辅酶 A 的组成成分。
2. 嘌呤核苷酸从头合成，嘧啶核苷酸从头合成，游离嘌呤的补救合成，游离嘧啶的补救合成均需 PRPP。
3. 其重要意义不仅在于利用现成的嘌呤或嘌呤核苷，减少能量和一些氨基酸前体的消耗；更重要的是脑、骨髓等组织细胞由于缺乏从头合成嘌呤核苷酸的酶体系，只能进行嘌呤核苷酸的补救合成。因遗传性基因缺陷导致 HGPRT 严重不足或完全缺失，是一种 X 染色体连锁的隐性遗传病，称为 Lesch-Nyhan 综合征或称自毁容貌征，患儿表现为智力减退、有自残行为，并伴有高尿酸血症等。由此可见，补救合成途径对这些组织细胞具有非常重要的意义。

六、论述题

1. 嘌呤核苷酸的从头合成的原料分别是 5-磷酸核糖、谷氨酰胺、一碳单位、甘氨酸、CO_2

和天冬氨酸，而嘧啶核苷酸从头合成的原料分别是 5-磷酸核糖、天冬氨酸、谷氨酰胺和 CO_2。

嘌呤核苷酸的从头合成，首先合成 IMP，再以 IMP 作为共同前体，分别转变成 AMP 和 GMP。嘧啶核苷酸从头合成与嘌呤核苷酸的合成途径不同的是，先合成嘧啶环后再与磷酸核糖相连，并以 UMP 为嘧啶核苷酸合成的共同前体。

2. 在临床治疗肿瘤中，常依据酶竞争性抑制的作用原理，针对核苷酸代谢过程的不同环节，应用类似代谢物的药物（抗代谢物），阻断或干扰核苷酸及核酸的合成代谢，使癌变细胞中核酸和蛋白质的生物合成迅速地被抑制，从而控制肿瘤的发展。此类药物按化学结构被分为两大类，一类是嘌呤、嘧啶、核苷类似物，通过转变为异常核苷酸干扰核苷酸的生物合成。另一类是谷氨酰胺、叶酸等的类似物，可直接阻断谷氨酰胺、一碳单位在核苷酸合成中的作用。

3. 核苷酸最主要的功能是作为体内合成 DNA 和 RNA 的基本原料。此外，核苷酸在体内还具有多种重要的生物学功用：① 作为体内能量的利用形式，如 ATP 是细胞的主要能量形式，GTP、CTP 和 UTP 等也都能提供能量；② 构成辅酶和参与相关代谢，例如腺苷酸可作为多种辅酶（NAD^+、FAD、辅酶 A 等）的组分，在体内参与各种生化代谢活动；③ 充当载体、活化中间代谢物，有些核苷酸可以作为多种活化中间代谢物的载体，如 UDP-葡萄糖是合成糖原、糖蛋白的活性原料，CDP-二酰基甘油是合成磷脂的活性原料等；④ 形成第二信使参与生理调节，某些环磷酸核苷是重要的调节分子，如 cAMP 是多种细胞膜受体激素作用的第二信使，cGMP 也同样与代谢调节有关。

（上海医药高等专科学校　胡颂恩）

第九章　物质代谢的联系与调节

重点解析

一、物质代谢的联系

糖、脂和蛋白质是人体内的主要供能物质。它们的分解代谢有共同的代谢通路——三羧酸循环。三羧酸循环是联系糖、脂和氨基酸代谢的纽带。通过一些枢纽性中间产物，可以联系及沟通几条不同的代谢通路。

体内各器官代谢也是相互联系的，其中以肝脏为调节和联系全身器官代谢的枢纽中心。

二、物质代谢的调节

代谢调节按其调节水平，大致分为三个层次：

（一）细胞水平的调节

这是生物最基本的调节方式。主要是通过改变限速酶的结构或含量以影响酶活性，对物质代谢进行调节。所谓限速酶是指整条代谢通路中催化反应速度最慢的酶。这些限速酶不但可以影响整条代谢途径的总速度，甚至还可改变代谢方向。

1. 酶结构的调节

这种调节是使业已存在的酶通过其结构改变而调节酶活性，因此可快速适应机体的需要。

（1）变构调节　某些物质能结合于酶分子上的非催化部位，诱导酶蛋白分子构象发生改变，从而使酶的活性改变，这种调节方式称为变构调节，或称别构调节。如果接受调节后酶活性增高，则称为变构激活；反之则为变构抑制。受调节的酶称为变构酶或别构酶。能引起变构调节的物质称为变构剂。多数变构酶系由多亚基组成，其中有的为调节亚基，有的为催化亚基。也有的变构酶由一条肽链组成，其结构分区为调节部位和催化部位。如胆固醇可变构抑制胆固醇合成的限速酶——HMGCoA还原酶的活性。

（2）化学修饰　某些酶分子上的一些基团，受其他酶的催化而发生化学变化，从而使酶活性改变，这种调节称为化学修饰。最常见的化学修饰方式是磷酸化和脱磷酸化。如糖原合成的限速酶糖原合酶及糖原分解的限速酶磷酸化酶，在磷酸化后活性分别降低和升高，最终调节糖原合成与分解。

（3）同工酶　同工酶是指所催化的化学反应相同，但其动力学性质不同的一组酶。不同组织中的同工酶，对同一作用物的亲和力不同，催化该代谢途径的速度不同，可以适应不同组织的需要。如己糖激酶有4种同工酶，乳酸脱氢酶有5种同工酶。

2. 酶含量的调节

酶的合成与降解可以影响酶的含量，从而影响酶的活性，这是最根本的调节。但由于酶是蛋白质，其基因表达及生物合成过程耗时、耗能，因此属于慢调节。许多作用物可诱导或阻遏相应酶的基因表达，而使酶蛋白合成量增多或减少，从而使酶活性增高或降低，最终影响代谢通路进行的速度。

3. 酶在亚细胞结构中分隔分布

在真核细胞中，由于酶的分布呈区域化，而使各类代谢分布在不同亚细胞结构中进行。既不互相干扰，又可使作用物在局部浓集。如脂肪酸合成在胞液中进行，而脂肪酸分解在线粒体中进行。

（二）激素（内分泌）水平的调节

细胞与细胞之间，以及各远隔器官之间，可通过激素来调节其代谢与功能。它们的作用特点是：① 浓度低；② 半衰期较短；③ 激素与其特异受体结合才能发挥作用。激素可通过内分泌、旁分泌或自分泌的方式发挥作用。按其受体所在部位，可将激素分为作用于细胞膜受体的激素和作用于细胞内受体的激素。

1. 作用于细胞膜受体的激素

这类激素多为肽类或蛋白质，包括肾上腺素、生长激素、生长因子及细胞因子等。它们主要通过三条信息传递途径影响细胞内的代谢过程，发挥生物学作用。

（1）蛋白激酶A途径

激素与其特异细胞膜受体结合后，受体构象改变，通过G蛋白偶联，激活膜上腺苷酸环化酶，使ATP环化生成cAMP。cAMP作为细胞内第二信使，可变构激活蛋白激酶A，从而使细胞内靶蛋白上的丝氨酸或苏氨酸残基磷酸化，引起生物学效应。

G蛋白含α、β、γ三个亚基。Gα通常与GDP结合呈无活性状态。当G蛋白被激活时，其Gα亚基转而与GTP结合，Gα-GTP与$G_{\beta\gamma}$脱离，进而活化腺苷酸环化酶。Gα-GTP可自行灭活，因为Gα本身还有GTP酶活性，可水解GTP成GDP。霍乱毒素可使Gα亚基丧失GTP酶活性，则Gα-GTP中的GTP不能被水解，导致腺苷酸环化酶持续活化，cAMP大量生成，促进肠道离子主动转移，大量Na^+和H_2O流入肠中，引起腹泻。

（2）蛋白激酶C途径

某些激素与相应膜受体结合，通过另一类G蛋白介导，激活质膜上的磷脂酶C，使膜上的磷脂酰肌醇二磷酸水解，生成甘油二酯（DG）和三磷酸肌醇（IP_3）。IP_3可作用于内质网释放Ca^{2+}，使细胞质内Ca^{2+}浓度增高。Ca^{2+}与DG共同参与激活蛋白激酶C，使细胞内靶蛋白上的丝氨酸或苏氨酸残基磷酸化，发挥生物学作用。DG、IP和Ca^{2+}均为第二信使物质。

（3）酪氨酸蛋白激酶途径

生长因子、细胞因子等作用于膜受体后，可使膜受体本身所含的酪氨酸蛋白激酶活化；或者受体与细胞质内含酪氨酸蛋白激酶的蛋白结合并使之活化。活化的酪氨酸蛋白激酶可使细胞内靶蛋白的酪氨酸残基磷酸化，发挥生物学作用。

2. 作用于细胞内受体的激素

类固醇激素和甲状腺素可透过质膜，与细胞内受体结合。此激素受体复合物在核内可与相应DNA区段上的调节部位结合，从而调控相应基因的表达。

（三）整体水平的调节

机体通过神经体液途径，对各组织的物质代谢进行调节，以适应不断变化的内外环境，力求在动态中维持相对的稳态，利于组织更新及提供生命活动的能源。以饥饿为例：短期饥饿时，肝糖原分解增强，肝中糖异生增加，维持血糖浓度恒定，为脑组织提供能源物质；脂肪动员增加，分解产生脂肪酸。为肌肉组织提供能源物质。长期饥饿时，肝糖原耗竭，糖异生作用减弱；脂肪大量动员，其中间代谢产物酮体成为脑、心、肾、肌肉组织的主要供能物质。

测 试 题

一、单项选择题

［在备选答案中只有一个是正确的］

1. 下列描述体内物质代谢的特点，错误的是
   A. 内源性和外源性物质在体内共同参与代谢
   B. 各种物质在代谢过程中可以相互联系转变
   C. 体内各种物质的分解、合成和转变维持着动态平衡
   D. 物质的代谢速度和方向决定于生理状态的需要
   E. 进入人体的能源物质超过需要，即被氧化分解
2. 糖类、脂类、氨基酸氧化分解时，进入三羧酸循环的主要物质是
   A. 丙酮酸
   B. α-磷酸甘油
   C. 乙酰 CoA
   D. α-酮酸
   E. α-酮戊二酸
3. 细胞水平的调节通过下列机制实现，但除外
   A. 变构调节
   B. 化学修饰
   C. 同工酶调节
   D. 激素调节
   E. 酶含量调节
4. 变构剂调节的机理是
   A. 与必需基团结合
   B. 与调节亚基或调节部位结合
   C. 与活性中心结合
   D. 与辅助因子结合
   E. 与活性中心内的催化部位结合
5. 细胞质内可以进行下列代谢反应，但除外
   A. 糖酵解
   B. 磷酸戊糖途径
   C. 脂肪酸β-氧化
   D. 脂肪酸合成
   E. 糖原合成与分解
6. 肾上腺素发挥作用时，其第二信使是
   A. cAMP
   B. cGMP
   C. cCMP
   D. cUMP
   E. cTMP
7. 下列属于化学修饰酶的是
   A. 己糖激酶
   B. 葡萄糖激酶
   C. 丙酮酸激酶
   D. 糖原合酶
   E. 柠檬酸合酶
8. 以磷酸二羟丙酮作为代谢交叉点的两种物质是
   A. 糖——氨基酸
   B. 糖——脂肪酸
   C. 糖——甘油

D. 糖——胆固醇
E. 糖——核酸

9. 长期饥饿时大脑的能量来源主要是
A. 葡萄糖
B. 氨基酸
C. 甘油
D. 酮体
E. 糖原

10. 下列与能量代谢有关的途径不在线粒体中进行的是
A. 脂肪酸β-氧化
B. 电子传递
C. 氧化磷酸化
D. 糖酵解
E. 三羧酸循环

11. 人体活动主要的直接供能物质是
A. 葡萄糖
B. 脂肪酸
C. ATP
D. GTP
E. 磷酸肌酸

12. cAMP 可以激活的酶是
A. 蛋白激酶 A
B. 己糖激酶
C. 脂肪酸合成酶
D. 磷酸化酶 b 激酶
E. 丙酮酸激酶

13. cAMP 发挥作用的方式是 cAMP
A. 与蛋白激酶 A 的活性中心结合
B. 与蛋白激酶 A 活性中心外必需基团结合
C. 使蛋白激酶 A 磷酸化
D. 与蛋白激酶 A 调节亚基结合
E. 使蛋白激酶 A 脱磷酸

14. 下列有关 GTP 结合蛋白（G 蛋白）的叙述错误的是
A. 膜受体通过 G 蛋白与腺苷酸环化酶偶联
B. 与 GTP 结合后可被激活
C. 可催化 GTP 水解为 GDP
D. 霍乱毒素可使其持续失活
E. 有三种亚基 α、β、γ

15. 作用于细胞内受体的激素是
A. 类固醇激素
B. 儿茶酚胺类激素
C. 生长因子
D. 肽类激素
E. 蛋白类激素

16. 关于酶化学修饰，错误的是
A. 一般都有活性和非活性两种形式
B. 活性和非活性两种形式在不同酶催化下可以互变
C. 催化互变的酶受激素等因素的控制
D. 一般不需消耗能量
E. 化学修饰的方式多为肽链的磷酸化和脱磷酸化

17. 肽类激素诱导 cAMP 生成的过程是
A. 激素直接激活腺苷酸环化酶
B. 激素直接抑制磷酸二酯酶
C. 激素受体复合物活化腺苷酸环化酶
D. 激素受体复合物使 G 蛋白结合 GTP 而活化，后者再激活腺苷酸环化酶
E. 激素激活受体，受体再激活腺苷酸环化酶

18. 饥饿时在肝内可增强的代谢途径是
A. 磷酸戊糖途径
B. 糖异生
C. 脂肪合成
D. 糖酵解途径
E. 糖原合成

19. 酶化学修饰调节的主要方式是
A. 甲基化与去甲基化
B. 乙醚化与去乙醚化
C. 磷酸化与去磷酸化
D. 聚合与解聚
E. 酶蛋白的合成与降解

二、多项选择题

［在备选答案中有两个或两个以上是正确的，错选或未选全的均不给分］

1. 下列属细胞水平的调节方式有
   A. 酶的变构调节
   B. 酶的化学修饰
   C. 同工酶调节
   D. 酶量调节
   E. 通过膜受体调节
2. 能在线粒体中进行的代谢过程有
   A. 三羧酸循环
   B. 脂肪酸β-氧化
   C. 氧化磷酸化
   D. 脂肪酸合成
   E. 胆固醇合成
3. 既涉及细胞质又涉及线粒体的代谢过程有
   A. 糖异生
   B. 尿素合成
   C. 葡萄糖转变为脂肪
   D. 血红素合成
   E. 胆汁酸合成
4. 可以作为第二信使的物质有
   A. cAMP
   B. DG
   C. IP_3
   D. Ca^{2+}
   E. cGMP
5. 激素的作用特点包括
   A. 低浓度即能引起反应
   B. 作用时间较短
   C. 只有具有受体的细胞才能作出反应
   D. 激素都通过细胞膜上的受体发挥作用
   E. 自分泌和旁分泌不是激素的作用方式
6. 饥饿时体内可能发生的代谢变化有
   A. 糖异生↑
   B. 脂肪分解↑
   C. 血酮体↑
   D. 血中游离脂肪酸↑
   E. 糖原合成↑
7. 含高能键的化合物有
   A. 磷酸烯醇式丙酮酸
   B. 乙酰辅酶A
   C. 磷酸肌酸
   D. AMP
   E. 软脂酸
8. 可与G蛋白发生相互作用的酶有
   A. 腺苷酸环化酶
   B. 磷脂酶C
   C. 酪氨酸蛋白激酶
   D. GTP酶
   E. 磷酸二酯酶
9. 变构调节的特点是
   A. 变构剂与酶分子上的非催化部位结合
   B. 使酶蛋白构象发生改变，从而改变酶活性
   C. 酶分子多有调节亚基和催化亚基
   D. 变构调节都产生正效应，即加快反应速度
   E. 变构酶常是该代谢途径的限速酶
10. 作用于膜受体的激素有
    A. 肾上腺素
    B. 甲状腺素
    C. 生长因子
    D. 胰岛素
    E. 雌激素
11. 酶化学修饰
    A. 引起酶蛋白发生共价变化
    B. 使酶活性改变
    C. 有放大效应
    D. 磷酸化与脱磷酸化最常见
    E. 是一种酶促反应
12. 类固醇激素
    A. 通过调节基因表达而发挥调节代谢的作用

B. 与受体蛋白结合后进入细胞核
C. 受体位于细胞膜上
D. 胆固醇是其合成前体
E. 发挥作用的第二信使是 Ca^{2+}

13. 酶可分布于
A. 细胞核内
B. 细胞质内
C. 线粒体内
D. 细胞膜上
E. 微粒体内

14. 影响细胞内 cAMP 含量的酶有
A. 腺苷酸环化酶
B. ATP 酶
C. 磷酸二酯酶
D. 磷脂酶
E. 蛋白激酶

15. 关于 cAMP 的描述，错误的有
A. 在腺苷酸环化酶作用下由 ATP 生成
B. 由磷酸二酯酶水解而失去作用
C. 合成和分解反应都是在细胞膜内进行
D. 它是各种激素作用的第二信使
E. 通过激活蛋白激酶而发挥生理效应

16. 当血内肾上腺素迅速升高时，体内发生的相应反应有
A. 糖原合酶磷酸化而被激活
B. 肌肉内 cAMP 升高，激活蛋白激酶
C. 肾上腺素可进入细胞内发挥作用
D. 通过共价修饰活化磷酸化酶
E. 激活膜结合的腺苷酸环化酶

17. 下列叙述中正确的是
A. 肾上腺素与受体的结合是可逆的
B. 肾上腺素是哺乳动物中能够激活腺苷酸环化酶的唯一激素
C. 依赖 cAMP 的蛋白激酶的催化部位和调节部位位于不同的亚基
D. 磷酸化酶 b 的磷酸化不需 ATP
E. 腺苷酸环化酶在细胞质内

18. 关于变构酶的描述正确的是
A. 变构酶催化的反应都是可逆的
B. 变构酶与变构剂的结合是可逆的
C. 所有变构酶都有催化亚基和调节亚基
D. 变构酶变构时常伴有亚基的聚合或解聚
E. 多数是代谢途径的限速酶

19. 可以诱导酶合成的有
A. 酶的作用物
B. 药物
C. 激素
D. 第二信使
E. 酶的产物

20. 存在于线粒体的酶系是
A. 三羧酸循环所需的酶系
B. 脂肪酸 β-氧化所需的酶系
C. 糖原合成所需的酶系
D. 糖酵解所需的酶系
E. 联合脱氨基所需的酶

21. 关于糖原分解中酶化学修饰的描述正确的有
A. 有活性的磷酸化酶 b 激酶被磷酸化成为无活性的磷酸化酶 b 激酶
B. 有活性的磷酸化酶 b 激酶催化磷酸化酶 b 磷酸化
C. 磷酸化酶 a 为磷酸化酶的有活性形式
D. 磷酸化酶 a 经磷酸酶作用脱去一分子磷酸而使酶活性改变
E. 蛋白激酶活性增强时，糖原分解增强

22. 下列在细胞质内进行的代谢途径是
A. 三羧酸循环
B. 丙酮酸羧化反应
C. 核苷酸合成
D. 脂肪酸 β-氧化
E. 脂肪酸合成

三、填空题

1. 作用于膜受体的激素有________和________等。
2. 作用于膜受体的激素可通过________和________等信息传递途径发挥生物学作用。
3. 化学修饰最常见的方式是________和________。
4. 按受体的分布不同，可将激素分为________和________。
5. 化学修饰最常见的方式是磷酸化，可使糖原合酶活性________，磷酸化酶活性________。
6. 在磷脂酰肌醇信息传递体系中，膜上的磷脂酰肌醇二磷酸可被水解产生第二信使________和________。
7. 在________酶的作用下，细胞内 cAMP 水平增高；在________酶的作用下，细胞内 cAMP 可被水解而降低。
8. 蛋白激酶 A 的激活通过________方式；磷酸化酶 b 激酶的激活通过________方式。
9. 蛋白激酶 A 使作用物中________残基磷酸化；蛋白激酶 C 使作用物中________残基磷酸化。

四、名词解释

1. 变构调节
2. 化学修饰
3. 限速酶
4. G 蛋白

五、简答题

1. 简述细胞水平调节的主要方式。
2. 说明肾上腺素发挥作用的信息传递途径。
3. 简述类固醇激素发挥生物学作用的途径。

六、论述题

1. 简述人体在短期饥饿和长期饥饿状态下，代谢有什么变化？
2. 讨论下列代谢过程可否在体内进行，并简要说明其可能的途径或不可能的原因。
   (1) 葡萄糖→软脂酸
   (2) 软脂酸→葡萄糖
   (3) 丙氨酸→葡萄糖
   (4) 葡萄糖→亚油酸
   (5) 亮氨酸→葡萄糖
3. 给动物以丙酮酸，它在体内可转变成哪些物质？请指出转变的代谢途径名称。

参 考 答 案

一、单项选择题

1. E　2. C　3. D　4. B　5. C　6. A　7. D　8. C

9. D　10. D　11. C　12. A　13. D　14. D　15. A　16. D
17. D　18. B　19. C

二、多项选择题

1. ABCD　2. ABC　3. ABCD　4. ABCDE　5. ABC　6. ABCD
7. ABC　8. AB　9. ABCE　10. ACD　11. ABCDE　12. ABD
13. ABCDE　14. AC　15. CD　16. BDE　17. AC　18. BDE
19. ABC　20. AB　21. BCDE　22. CE

三、填空题

1. 肾上腺素　胰高血糖素　甲状旁腺素等肽类激素（任选两个）
2. 蛋白激酶 A　蛋白激酶 C　酪氨酸蛋白激酶（任选两个）
3. 磷酸化　脱磷酸化
4. 作用于膜受体的激素　作用于胞内受体的激素
5. 降低　增高
6. IP_3　DG
7. 腺苷酸环化　磷酸二酯
8. 变构调节　化学修饰
9. 丝氨酸或苏氨酸　丝氨酸或苏氨酸

四、名词解释

1. 某些物质能结合于酶分子上的非催化部位，诱导酶蛋白分子构象发生改变，从而使酶的活性改变。
2. 某些酶分子上的一些基团，受其他酶的催化发生化学变化，从而导致酶活性的变化。
3. 是指整条代谢通路中催化应速度最慢的酶，它不但可以影响整条代谢途径的总速度，还可改变代谢方向。
4. 含 α、β、γ 三个亚基。Gα 与 GDP 结合时，G 蛋白处于无活性状态，Gα 与 GTP 结合时，G 蛋白处于有活性状态。

五、简答题

1. 包括变构调节、化学修饰、同工酶、酶含量的调节以及酶在亚细胞结构中分隔分布。
2. 肾上腺素与其受体结合→通过 G 蛋白偶联→激活腺苷酸环化酶→使 ATP 生成 cAMP→激活蛋白激酶 A →使靶蛋白上丝氨酸或苏氨酸磷酸化 →发挥生物学作用。
3. 类固醇激素与其胞内受体结合，此激素受体复合物在核内可与相应 DNA 区段上的调节部位结合，从而调控相应基因的表达。

六、论述题

1. 短期：肝糖原分解增强，肝糖异生增强，脂肪动员增加，肌肉摄取葡萄糖减少，脑组织主要利用血糖，肌肉组织主要利用脂肪酸供能。

长期：肝糖异生减弱，脂肪动员增强，酮体生成增多，机体主要利用酮体供能。

2. (1) 能。葡萄糖经糖酵解生成丙酮酸 → 乙酰辅酶 A，在脂肪酸合成酶系作用下生成软脂酸。

(2) 不能。软脂酸 β-氧化的产物是乙酰辅酶 A，乙酰辅酶 A 不能逆回到丙酮酸（丙酮酸脱氢酶系催化的反应不可逆），所以软脂酸不是糖异生的原料。

(3) 能。丙氨酸经转氨基作用生成丙酮酸，再经糖异生生成葡萄糖。

(4) 不能。亚油酸是必需脂肪酸。

(5) 不能。亮氨酸是生酮氨基酸。

3. (1) 丙酮酸经转氨基生成丙氨酸；

(2) 丙酮酸经无氧酵解生成乳酸；

(3) 丙酮酸经糖异生生成葡萄糖；

(4) 丙酮酸经酵解逆行生成磷酸二羟丙酮，再转变为甘油；

(5) 丙酮酸氧化脱羧生成乙酰辅酶 A，再经三羧酸循环彻底氧化分解成 CO_2 和 H_2O，并通过呼吸链产生能量；

(6) 丙酮酸氧化脱羧生成乙酰辅酶 A，再合成脂肪酸；

(7) 丙酮酸氧化脱羧生成乙酰辅酶 A，再合成酮体；

(8) 丙酮酸氧化脱羧生成乙酰辅酶 A，再合成胆固醇。

（北京大学医学部　周爱儒　李平风）

第十章　DNA的生物合成——复制

重点解析

DNA复制最重要的特征是半保留复制（semi-conservative replication），即在复制过程中，首先DNA双螺旋的两条多核苷酸链之间的氢键断裂，双链解开并分为两股单链；然后每条单链DNA各自作为模板，以三磷酸脱氧核糖核苷（dNTP）为原料，按照碱基配对规律（A与T配对，G与C配对），合成新的互补链；这样形成的两个子代DNA分子与原来的亲代DNA分子的核苷酸顺序完全相同，且每个子代DNA分子的双链中，一条链来自亲代DNA，而另一条链则是新合成的。DNA半保留复制能充分保证DNA代谢稳定性与复制忠实性，经过许多代的复制，DNA分子上的遗传信息仍可准确地传给后代。

DNA复制过程中，一条链是连续合成的，这股链称为前导链；另一股链是不连续合成的，称为随从链；这就是DNA复制的半不连续性，又称为半不连续复制（semi-discontinuous replication）。随从链合成过程中，先合成的较短的DNA片段，称为"冈崎片段"，是日本科学家冈崎于1968年发现的。

DNA复制时有特定的起始部位，称为复制起点。习惯上把两个相邻复制起点之间的距离定为一个复制子（replicon），是独立完成复制的功能单位。在原核细胞中只有一个，而真核细胞中则有多个。

DNA新链的合成具有方向性，是从5′端开始向3′端的方向进行的。

DNA的复制过程极为复杂，是生物体内高分子的聚合过程。DNA复制速度甚快，但DNA复制过程却十分准确，这是由于许多酶与蛋白质参与了复制过程。

DNA聚合酶又称DNA指导的DNA聚合酶（DNA directed DNA polymerase，缩写DDDP），简称DNA-pol。主要作用是以单链为DNA模板催化四种三磷酸脱氧核糖核苷通过与模板碱基互补配对，依次聚合，合成新的DNA链，是DNA复制过程中最主要的酶。DNA聚合酶具有以单链DNA模板的5′→3′聚合酶活性，该活性决定DNA复制的方向只能是"5′→3′"。DNA聚合酶不能自行从头合成DNA链，只能在引物的3′-OH端上催化与dNTP5′α-磷酸根作用，形成3′，5′-磷酸二酯键，增加一个脱氧核苷酸，从而逐步延长新合成的脱氧多核苷酸链。无论在原核细胞或真核细胞中，均存在着多种DNA聚合酶，它们性质不完全相同。原核生物大肠杆菌中已发现至少三种DNA聚合酶：DNA聚合酶Ⅰ（polⅠ）、DNA聚合酶Ⅱ（polⅡ）和DNA聚合酶Ⅲ（polⅢ）。DNA聚合酶Ⅰ（polⅠ）的作用体现在三个方面：① 去除RNA引物；②"校对"作用，即切去错误配对的核苷酸，以保证DNA复制的忠实性；③ 在DNA复制和修复中填充出现的空隙。DNA聚合酶Ⅲ（polⅢ）是大肠杆菌DNA复制延长中真正起催化作用的酶。DNA聚合酶Ⅱ（polⅡ）可能参与DNA损伤的应急状态修复。真核生物的细胞中至少有5种DNA聚合酶，即DNA聚合酶α、β、γ、δ和ε。DNA聚合酶δ是在DNA复制延长中起主要催化作用的酶，此外它还具有解螺旋酶的活性；DNA 聚合酶 α 具有引物酶活性，主要功能是合成引物；DNA 聚合酶 β 复制的保真度低，可能在 DNA 损伤修复中起作用；DNA 聚合酶 ε 在复制中主要起校读、修复和填补引物缺口的作用，与原核生物的 DNA 聚合酶Ⅰ相类似；DNA 聚合酶 γ 存在于真核细胞的线粒体内，是线粒体 DNA 复制的酶。

引物酶（primase），实际上是一种特殊的 RNA 聚合酶，以复制起始部位的 DNA 链为模板，合成短片段的 RNA 引物，为 DNA 复制做好准备。

参与 DNA 解旋、解链的酶与蛋白质主要有：解螺旋酶、DNA 拓扑异构酶、单链 DNA 结合蛋白。解螺旋酶（helicase）是解开 DNA 双链的酶，利用 ATP 能量使碱基对间的氢键断裂，打开 DNA 双链，形成单股 DNA 链；DNA 拓扑异构酶（topoisomerase）起松弛 DNA 超螺旋结构的作用，是既能打断又能催化磷酸二酯键形成的酶；单链 DNA 结合蛋白（single strand binding protein，SSB）的作用是在复制中维持模板处于单链状态并保护单链的完整。

DNA 连接酶（ligase）的作用是使随从链上的 DNA 片段（冈崎片段），通过磷酸二酯键连接起来。

DNA 复制的过程十分复杂，大体分为五个阶段：

1. 解链与螺旋构象变化：DNA 复制是从特定的复制起点（origin）开始的，首先需在拓扑异构酶、解螺旋酶和 DNA 单链结合蛋白作用下，在复制起点解开一段双链，形成“复制叉”结构。随着复制叉的前进，解旋、解链不断进行；DNA 解链过程中，其下游会发生打结现象或 DNA 超螺旋某些部分出现过度拧转，DNA 拓扑异构酶可以通过切断、旋转、再连接的作用，来理顺 DNA 链。

2. 起始与引物 RNA 的合成：当复制叉形成一定的长度时，DnaA 蛋白能识别起始部位，引物酶以四种核糖核苷酸为原料，以解开的一段 DNA 链为模板，按碱基配对规律，从 5′→3′方向合成引物 RNA 片段。引物的长短约为十多个至数十个核苷酸。引物 RNA 为 DNA 链的合成提供了 3′-OH 末端。

3. DNA 片段的合成：引物合成后，DNA 聚合酶结合到模板链上，并催化 dNTP 以 dNMP 的方式逐个与引物或延长中子链的 3′-OH 末端通过磷酸二酯键相连，合成两条新的 DNA 子链。领头链沿着 5′→3′的方向可以连续延长。随从链的延长方向与解链方向相反，复制延长中需不断生成引物，并在引物的基础上合成一段段 DNA 片段，称为“冈崎片段”。

4. RNA 引物的水解：DNA 片段合成至一定长度后，子链中的 RNA 引物即被 DNA 聚合酶Ⅰ水解而切掉。领头链上的引物水解后既是一条完整的新链，而随从链的引物水解后留下的是一段段“冈崎片段”。

5. DNA 片段连接成完整的 DNA 分子：引物水解后，随从链上冈崎片段间的间隙在 DNA 聚合酶Ⅰ的催化下，由 DNA 片段继续延长而填补。当填补至足够长度时，还是留下相邻的 3′-OH 和 5′-Pi 的缺口。DNA 连接酶催化相邻两个 DNA 片段间的缺口连接起来，形成大分子 DNA 链，并与其对应模板 DNA 链一起生成子代双螺旋 DNA，即完整 DNA 分子。真核生物中，在随从链 3′-OH 端引物最后被水解后，单股 DNA 链末端通过端粒酶，以自带模板 RNA 反转录合成一段特殊序列的 DNA 端粒末端，保证染色体的稳定。

DNA 复制与细胞有丝分裂关系密切，所有染色体 DNA 复制必须在细胞周期的 S 期进行，而且只能复制一次。抑制 DNA 复制则可抑制细胞分裂，某些抗肿瘤药物（例如核苷酸代谢拮抗物）可通过抑制 DNA 复制，进而抑制细胞分裂，达到治疗肿瘤的目的。

DNA 复制可能发生自发突变，引起生物体的变异。突变常可分为几种类型：① 点突变；② 缺失；③ 插入；④ 重排。缺失或插入突变都可能改变三联体密码的“阅读”方式，使合成蛋白质的结构发生改变，称为“移码”突变。突变引起的 DNA 损伤可以由一系列酶完成修复，DNA 损伤修复有多种方式，切除修复是人体细胞修复 DNA 损伤的重要方式，此外还有重组修复、SOS 修复、光修复。有资料表明，细胞 DNA 修复能力的异常可能与衰老过程和某些疾病（如肿瘤）的发生有关。

DNA 的生物合成除 DNA 复制外，某些情况下（例如逆转录病毒）还可以 RNA 为模板合成 DNA，称为逆（反）转录（reverse transcription）作用，催化此反应的酶是逆（反）转录酶（reverse transcriptase），又可叫做 RNA 指导的 DNA 聚合酶（RNA directed DNA polymerase，缩写为 RDDP）。目前从逆转录病毒中发现了多种病毒癌基因，即可使细胞癌变的基因，因此，逆（反）转录酶在病毒 RNA 的致癌过程中起重要作用。此外，端粒酶是一类特殊的逆转录酶，具有保持染色体复制完整性的功能，端粒结构与机体的衰老、肿瘤密切相关，在肿瘤学发病机制及寻找治疗靶点上，端粒和端粒酶的研究，正形成一个新兴的领域。

测　试　题

一、单项选择题

[在备选答案中只有一个是正确的]

1. DNA 复制时，下列哪一种酶是不需要的
   A. DNA 指导的 DNA 聚合酶
   B. DNA 连接酶
   C. 拓扑异构酶
   D. 解链酶
   E. 限制性内切酶
2. 合成 DNA 的原料是
   A. dAMP、dGMP、dTMP、dCMP
   B. dATP、dGTP、dTTP、dCTP
   C. dADP、dGDP、dTDP、dCDP
   D. AMP、GMP、TMP、CMP
   E. ATP、GTP、TTP、CTP
3. 下列关于 DNA 复制的叙述，哪一项是错误的
   A. 半保留复制
   B. 两条子链均连续合成
   C. 合成的方向 $5'\rightarrow3'$
   D. 以四种 dNTP 为原料
   E. 有 DNA 连接酶参加
4. DNA 复制时，模板序列 $5'$-TAGA-$3'$，将合成子链的序列是下列哪种
   A. $5'$-TCTA-$3'$
   B. $5'$-ATCA-$3'$
   C. $5'$-UCUA-$3'$
   D. $5'$-GCGA-$3'$
   E. $3'$-TCTA-$5'$
5. DNA 复制中的引物是
   A. 由 DNA 为模板合成的 DNA 片段
   B. 由 RNA 为模板合成的 DNA 片段
   C. 由 DNA 为模板合成的 RNA 片段
   D. 由 RNA 为模板合成的 RNA 片段
   E. 引物仍存在于复制完成的 DNA 链中
6. 关于 DNA 复制时子链合成的方向说法正确的是
   A. 一条链 $5'\rightarrow3'$，另一条链 $3'\rightarrow5'$
   B. 两条链均是 $5'\rightarrow3'$

C. 两条链均是 3′→5′
D. 两条链均与复制叉前进的方向相反
E. 两条链均与复制叉前进的方向相同

7. DNA 复制时，辨认复制起点主要靠
A. DNA 聚合酶
B. 解链酶
C. DNA 拓扑异构酶
D. DnaA 蛋白
E. DNA 连接酶

8. 冈崎片段是指
A. DNA 模板上的 DNA 片段
B. 引物酶催化合成的 RNA 片段
C. 随从链上合成的 DNA 片段
D. 前导链上合成的 DNA 片段
E. 由 DNA 连接酶合成的 DNA 片段

9. DNA 连接酶的作用是
A. 使 DNA 形成超螺旋结构
B. 使双螺旋 DNA 链缺口的两个末端连接
C. 合成 RNA 引物
D. 将双螺旋解链
E. 去除引物

10. 复制的过程中不需要
A. 亲代 DNA
B. 4 种三磷酸脱氧核苷
C. RNA 引物
D. 依赖 RNA 的 RNA 聚合酶
E. 解螺旋酶

11. 下列关于大肠杆菌 DNA 聚合酶的叙述哪项是正确的
A. 具有 3′→ 5′核酸外切酶活性
B. 不需要引物
C. 需要四种不同的 NTP
D. dUTP 是它的一种作用物
E. 可以将两个 DNA 片段连接起来

12. DNA 复制需要① DNA 聚合酶 ② 引物酶 ③ 解螺旋酶 ④ DNA 拓扑异构酶 ⑤ DNA连接酶，其作用的顺序是
A. ① →② →③ →④ →⑤
B. ③ →④ →① →② →⑤
C. ④ →③ →② →① →⑤
D. ② →③ →④ →① →⑤
E. ③ →② →④ →① →⑤

13. 与 DNA 修复过程缺陷有关的疾病是
A. 着色性干皮病
B. 黄嘌呤尿症
C. 卟啉病
D. 痛风
E. 黄疸

14. 镰刀性红细胞贫血是由于其 β 链上某一碱基改变，该突变属于
A. 断裂
B. 插入
C. 缺失
D. 交联
E. 点突变

15. 逆转录过程中需要的酶是
A. DNA 指导的 DNA 聚合酶
B. RNA 指导的 DNA 聚合酶
C. RNA 指导的 RNA 聚合酶
D. 核酸酶
E. DNA 指导 RNA 的聚合酶

16. 关于逆转录过程，下列哪项是错误的
A. 以 RNA 为模板合成 DNA
B. RNA - DNA 杂交分子是其中间产物
C. 链的延长方向是 3′→5′
D. 底物是四种 dNTP
E. 遵守碱基配对规律

17. 关于 DNA 的半不连续合成，错误的说法是
A. 前导链是连续合成的
B. 随从链是不连续合成的
C. 不连续合成的片段为冈崎片段
D. 前导链和随从链中，均有一半是不连续合成的
E. 随从链的合成迟于前导链的合成

18. 关于 DNA 复制中 DNA 聚合酶的错误说法是

A. 底物都是 dNTP
B. 必须有 DNA 为模板
C. 合成方向是 $5'\rightarrow3'$
D. 需要 Mg^{2+} 参与
E. 需要 ATP 参与

19. 关于复制的过程叙述正确的是
A. DNA 聚合酶沿模板链移动的方向与复制叉前进的方向相同
B. 新链延伸的方向是 $3'\rightarrow5'$方向
C. 两条链中的一条是连续复制的，称为随从链
D. 两条链中的一条是不连续复制的，称为前导链
E. 随从链上有许多复制起始位点，可形成许多不连续的片段，称为冈崎片段

20. 端粒酶是一种
A. DNA 指导 DNA 聚合酶
B. RNA 聚合酶
C. 逆转录酶
D. DNA 水解酶
E. 核酸酶

二、多项选择题

［在备选答案中有两个或两个以上是正确的，错选或未选全的均不给分］

1. 下列关于 DNA 复制的叙述，哪些是正确的
A. 子代与亲代 DNA 结构相同
B. 半保留复制
C. 半不连续合成
D. 在细胞周期的 G_1 期进行
E. 子代链能从头合成

2. DNA 复制需要下列哪些成分参与
A. DNA 模板
B. 反转录酶
C. DNA 指导的 DNA 聚合酶
D. 四种核糖核酸
E. SSB

3. 参与损伤 DNA 切除修复的酶有
A. DNA 聚合酶
B. 核酸内切酶
C. DNA 拓扑异构酶
D. 核酸外切酶
E. DNA 连接酶

4. DNA 损伤常见的类型有
A. 点突变
B. 插入突变
C. 缺失突变
D. DNA 链的断裂
E. DNA 链的交联

5. 关于细胞分裂周期，下列哪些是正确的
A. $G_1\rightarrow S\rightarrow G_2\rightarrow M$
B. $S\rightarrow G_1\rightarrow G_2\rightarrow M$
C. $G_1\rightarrow G_2\rightarrow S\rightarrow M$
D. DNA 复制在 S 期
E. DNA 复制在 M 期

6. DNA 聚合酶的作用是
A. 修复 DNA 损伤
B. 催化 DNA 复制过程中链的延长
C. 填补空隙
D. 将 DNA 片段连接起来
E. 催化逆转录过程

7. DNA 复制的特点
A. 半不连续复制
B. 半保留复制
C. 一般是定点开始，双向进行
D. 复制的方向沿模板链的方向进行
E. 消耗四种 NTP

8. 下列关于 DNA 复制的叙述哪些是正确的
A. 每条互补链的合成方向是 $5'\rightarrow3'$
B. DNA 聚合酶沿模板链滑动的方向 $3'\rightarrow5'$
C. 两条链同时复制
D. 原核细胞复制只有一个起始点
E. 真核细胞复制则有多个起始点

9. 下列关于大肠杆菌DNA复制的叙述哪些是正确的
   A. 双螺旋中每一条链都进行不连续合成
   B. 生成冈崎片段
   C. 需要引物
   D. 单链DNA结合蛋白可稳定复制期间的DNA单链
   E. 需要DNA连接酶
10. 需要DNA连接酶参与的反应是
   A. DNA复制
   B. DNA损伤修复
   C. DNA的体外重组
   D. RNA的逆转录
   E. DNA的切除修复
11. 参与DNA复制时解旋、解链的酶和蛋白质有
   A. 解螺旋酶
   B. DNA拓扑异构酶
   C. 单链DNA结合蛋白
   D. 核酸酶
   E. DNA聚合酶
12. 下列哪些属于DNA复制的特征
   A. 半保留复制
   B. 需合成RNA引物
   C. 复制过程中形成复制叉
   D. 有半不连续性
   E. 形成冈崎片段
13. 逆转录病毒具有下列哪种特性
   A. 存在于所有致癌DNA病毒中
   B. 以RNA为模板合成DNA
   C. 无法使DNA-RNA杂化分子水解开来
   D. 可以在新合成的DNA链上合成另一条互补的DNA链
   E. 有DNA聚合酶活性
14. RNA逆转录时，碱基配对的原则是
   A. A-T
   B. U-A
   C. C-G
   D. G-A
   E. U-T

三、填空题

1. DNA复制时，连续合成的链称为________链；不连续合成的链称为________链。
2. DNA合成的原料是________；复制中所需要的引物是________。
3. DNA复制时，子链DNA合成的方向是________；催化DNA链合成的酶是________。
4. DNA复制时，亲代模板链与子代合成链的碱基配对原则是：A与________配对；G与________配对。
5. DNA的半保留复制是指复制生成两个子代DNA分子中，其中一条链是________，另有一条链是________。
6. DNA复制时，改变模板DNA超螺旋结构的酶是________；解开DNA双螺旋的酶是________。
7. 细胞的有丝分裂周期包括________四个时期，DNA复制在________期进行。
8. 真核生物染色体的末段要形成________结构，催化端粒DNA形成的酶是________。
9. 体内DNA损伤修复最重要的方式是________。
10. 在DNA复制中，催化去除引物，补充空隙的酶是________。

四、名词解释

1. DNA的半保留复制

2. 复制叉

3. 逆转录　　　　　　　　4. “移码”突变

五、简答题

1. 简述参与DNA复制的酶与蛋白因子，以及它们在复制中的作用。
2. 解释遗传相对稳定性和变异的生物学意义及分子学基础。

六、论述题

1. 讨论DNA复制的主要步骤及其特点。
2. 结合逆转录，讨论RNA病毒致癌的分子过程。

参考答案

一、单项选择题

1. E	2. B	3. B	4. A	5. C	6. B	7. D	8. C
9. B	10. D	11. A	12. C	13. A	14. E	15. B	16. C
17. D	18. E	19. A	20. C				

二、多项选择题

1. ABC	2. ACE	3. ABDE	4. ABCDE	5. AD	6. ABCE
7. ABC	8. ABCDE	9. BCDE	10. ABCE	11. ABC	12. ABCDE
13. BDE	14. ABC				

三、填空题

1. 前导链　随从链
2. dNTP（四种脱氧核苷三磷酸）　RNA
3. $5' \rightarrow 3'$　DNA聚合酶
4. T　C
5. 来自亲代DNA　新合成的
6. DNA拓扑异构酶　解螺旋酶
7. G_1、S、G_2、M　S
8. 端粒　端粒酶
9. 切除修复
10. DNA聚合酶Ⅰ

四、名词解释

1. 在复制过程中，首先DNA双螺旋的两条多核苷酸链之间的氢键断裂，双链解开并分为两股单链；然后每条单链DNA各自作为模板，即模板链，以三磷酸脱氧核糖核苷（dNTP）为原料，按照碱基配对规律（A与T配对，G与C配对），合成新的互补链；

这样形成的两个子代DNA分子与原来的亲代DNA分子的核苷酸顺序完全相同，且每个子代DNA分子中，一条链来自亲代DNA，而另一条链则是新合成的，这种复制方式称为半保留复制。
2. DNA复制时，DNA双链解开分成两股单链，各自作为模板，子链沿模板延长所形成的“Y”字结构。
3.（某些病毒）以RNA为模板合成DNA过程称为逆（反）转录。
4. DNA复制时，如发生缺失或插入突变，以至改变三联体密码的“阅读”方式，使合成蛋白质的结构发生改变。

五、简答题

1. 将参与DNA复制的酶与蛋白因子及其作用归纳如下：

酶或因子	作用
DNA拓扑异构酶	松弛DNA超螺旋结构
解螺旋酶	解开DNA双链的酶
单链DNA结合蛋白	维持模板处于单链状态并保护单链的完整
引物酶	合成RNA引物
DNA聚合酶	催化四种脱氧核苷三磷酸通过与模板碱基互补配对依次聚合，合成新的DNA链
	水解RNA引物
DNA连接酶	连接随从链上相邻的冈崎片段

2. 遗传的相对稳定性保证了物种的正确繁衍，DNA复制过程十分准确，有资料估计，DNA自发突变的概率约为10^{-10}。而变异是物种进化和分化的基础。

六、论述题

1.（1）解链与螺旋构象变化：DNA复制是从特定的复制起点（origin）开始的，首先需在拓扑异构酶和解螺旋酶的作用下，松弛DNA超螺旋结构，解开一段双链，单链DNA结合蛋白保护和稳定分开的DNA单链

（2）起始与引物RNA的合成：两股单链暴露出足够数量碱基对，DnaA蛋白能识别起始部位，引物酶以解开的一段DNA链为模板，按碱基配对规律，合成了引物RNA。

（3）DNA片段的合成：引物合成后，DNA聚合酶以DNA为模板，按碱基配对规律，在引物3′-OH末端，依次聚合四种脱氧核糖核苷酸，合成子代DNA链。子链延伸的方向为5′→3′。在两条新生的子链中，一条链是连续合成的，称为前导链；另一股链是不连续合成的，称为随从链。随从链上生成的不连续的片段为冈崎片段。

（4）RNA引物的水解：DNA片段合成至一定长度后，子链中的RNA引物即被核酸酶水解而切掉。

(5) DNA片段连接成完整的DNA分子：引物水解后，领头链上的引物水解后既是一条完整的新链；随从链上冈崎片段，要在DNA聚合酶Ⅰ和DNA连接酶作用下连接起来，形成大分子DNA链。

2. 以RNA为模板合成DNA的过程，称为逆（反）转录。某些致癌的RNA病毒就属于逆转录病毒，其致癌的分子过程为：病毒的RNA在逆转录酶作用下通过逆转录形成与此RNA互补的DNA链，即形成RNA-DNA杂交分子；随后逆转录酶水解杂化分子中RNA部分；然后以此单链DNA为模板合成另一条互补DNA链，即形成双链DNA分子，新生成的DNA分子中保持原有RNA的信息，原来的RNA链被核酸酶水解。如此形成的双链互补DNA分子可以整合到宿主细胞染色体的基因组中，导致宿主DNA结构变化，可使宿主细胞发生癌变。

（大庆医学高等专科学校　何旭辉　文　程）

第十一章 RNA的生物合成——转录

重点解析

RNA转录均以DNA为模板（template），以四种核糖核苷三磷酸为原料，在RNA聚合酶催化下合成RNA的过程。经转录生成的RNA初级产物通常还需要经过一系列加工修饰过程，才能最终成为具有功能的成熟RNA分子。RNA的转录体系需要多种成分参与，包括DNA模板、四种三磷酸核糖核苷（NTP）、RNA聚合酶、某些蛋白质因子及必要的无机离子等。

RNA转录是需要以DNA为模板进行的不对称转录。根据碱基配对规律，即DNA分子中的A、G、C、T分别对应于合成RNA分子中的U、C、G、A，按照DNA模板中核苷酸的排列顺序合成相应核苷酸顺序的RNA分子。由此，模板DNA的结构决定着转录RNA的结构，从而将DNA的遗传信息传给RNA（mRNA）。体内DNA双链中只有一条链可以转录生成RNA，此链称为模板链（template strand），又称有意（义）链（sense strand）；另一条链无转录功能，称为编码链（coding strand），又称为反意义链（antisense strand）。转录本RNA序列与DNA模板链序列是互补的，而与DNA中编码链序列基本相同（U代替了T）。再者，在一个包含多个基因的双链DNA分子中，各个基因的模板并不是全在同一条链上，在某个基因节段以某一条链为模板而转录，而在另一个基因节段可由另一条链为模板。由此可见，与DNA复制不同，转录是不对称性的。

转录是不连续、分区段进行的，每一转录区段称为一个转录单位（transcription unit），由同一转录的调节组件与转录的结构基因两部分组成。同一转录的调节组件包括启动子、调节基因、操纵基因等结构。启动子（promoter）是转录起始点之前的一段核苷酸序列，是RNA聚合酶的识别和结合的部位，又称启动基因。每一个基因在转录时均需有启动子，它们在转录的调控中起着重要作用。能转录出mRNA，然后指导蛋白质合成的基因称为结构基因，包括特定的起始位点DNA序列与终止位点DNA序列。可见，转录过程是在模板的一定范围内进行的。此外，转录调节组件中的调节基因、操纵基因等结构，如：增强转录作用的增强子和减弱转录作用的抑制子等，对控制转录均有重要作用。

RNA聚合酶又被称为DNA指导的RNA 聚合酶（DNA directed RNA polymerase，缩写为DDRP），是转录过程中最重要的酶。它最主要的功能是使核糖核苷酸沿5′端→3′端方向通过磷酸二酯键依次聚合，合成RNA链。启动与终止RNA聚合酶的活性能进行选择性转录。已知，大肠杆菌的RNA聚合酶是由α_2 、β、β′和σ五个亚基组成，全酶去除σ亚基（又称σ因子）后，称为核心酶。核心酶（α_2、β、β′）不具有起始合成RNA的能力，而只能使已经开始合成的RNA链延长。σ因子可以辨认DNA模板上转录的启动子，协助转录的起始，故又称为起始因子。原核细胞的RNA聚合酶可被抗结核菌药物利福平或利福霉素（rifamycin）特异性抑制。真核细胞中已发现三种RNA聚合酶，分别称为RNA聚合酶Ⅰ、

Ⅱ、Ⅲ，它们专一性转录不同的基因，催化合成不同种类的RNA；鹅膏蕈碱是真核生物RNA聚合酶的特异抑制剂（详细请参见教材表11-1）。

细菌RNA的转录过程大体可分为三个阶段：起始、延长及终止。与DNA复制不同，RNA的转录起始不需要引物；相同的是，RNA链的合成也是有方向性的，即从5′端→3′端进行。此外，转录过程也遵循碱基配对原则，只不过是U代替了T。

某些抗生素，如利福霉素能抑制细菌RNA聚合酶活性，因而抑制细菌RNA的合成，这正是此类抗生素抑菌作用的机理。转录过程是基因表达的中心环节，转录起始与终止的控制在基因表达的调控中起着重要作用，这些内容请参见基因表达调控一章。

无论是真核生物还是原核生物，转录过程中生成的RNA都是初级转录产物，是RNA的前体，它们没有生物学活性，都要经过一系列酶的作用，进行加工修饰，才能成为具有生物功能的成熟RNA，这个过程也称为RNA的转录后加工。真核生物mRNA转录后的加工具有特别重要的意义，主要包括：① 剪接，即切掉前体RNA中内含子部分，然后将各个外显子部分再拼接起来。结构基因中具有表达活性的编码序列称为外显子（exon）；无表达活性，不能编码相应氨基酸的序列称为内含子（intron）。② 5′末端的加“帽”。③ 3′末端加多聚腺苷酸“尾”结构。④ 前体RNA链中的部分碱基进行甲基化修饰。⑤ RNA编辑与RNA沉默等。总之，虽然各自的具体加工过程都不相同，但不外乎链的剪接、末端添加核苷酸以及碱基修饰等几种基本方式。

测　试　题

一、单项选择题

［在备选答案中只有一个是正确的］

1. 对于转录的描述正确的是
   A. 以DNA为模板合成RNA的过程
   B. 以DNA为模板合成DNA的过程
   C. 以RNA为模板合成RNA的过程
   D. 以RNA为模板合成DNA的过程
   E. 以mRNA为模板合成蛋白质的过程
2. 转录所需要的原料是
   A. 4种三磷酸核糖核苷
   B. 4种三磷酸脱氧核糖核苷
   C. 12种非必需氨基酸
   D. 8中必需氨基酸
   E. 5种一碳单位
3. 参与转录的酶是
   A. 依赖DNA的RNA聚合酶
   B. 依赖DNA的DNA聚合酶
   C. 依赖RNA的DNA聚合酶
   D. 依赖RNA的RNA聚合酶
   E. 端粒酶
4. 原核生物DNA指导的RNA聚合酶由数个亚基组成，其核心酶的组成是
   A. $\alpha\alpha\beta\beta'$
   B. $\alpha\alpha\beta\beta'\sigma$
   C. $\alpha\alpha\beta'$
   D. $\alpha\alpha\beta$
   E. $\alpha\beta\beta'$
5. 模板DNA的碱基序列是3′—TGCAGT—5′，其转录出RNA碱基序列是
   A. 5′—AGGUCA—3′
   B. 5′—ACGUCA—3′
   C. 5′—UCGUCU—3′
   D. 5′—ACGTCA—3′
   E. 5′—ACGUGT—3′

6. 关于转录的叙述正确的是
A. 遵循碱基配对规则
B. 转录完成后，新生成的 RNA 链才与模板链脱离
C. 聚合酶发挥作用依赖 RNA
D. 多核苷酸链延伸方向都是 $3' \rightarrow 5'$
E. DNA 的两条链可同时作为模板
7. 真核细胞 RNA 聚合酶Ⅱ催化合成的 RNA 是
A. rRNA
B. mRNA
C. tRNA
D. 5SrRNA
E. 18SrRNA
8. 识别转录起始点的是
A. ρ 因子
B. 核心酶
C. RNA 聚合酶的 σ 因子
D. RNA 聚合酶的 α 亚基
E. RNA 聚合酶的 β 亚基
9. 下列关于 σ 因子的描述哪一项是正确的
A. RNA 聚合酶的亚基，负责识别 DNA 模板上转录 RNA 的特殊起始点
B. DNA 聚合酶的亚基，能沿 $5' \rightarrow 3'$ 及 $3' \rightarrow 5'$ 方向双向合成 RNA
C. 可识别 DNA 模板上的终止信号
D. 是一种小分子的有机化合物
E. 参与逆转录过程
10. 对 RNA 聚合酶的叙述不正确的是
A. 由核心酶与 σ 因子构成
B. 核心酶由 $\alpha_2\beta\beta'$ 组成
C. 全酶与核心酶的差别在于 β 亚单位的存在
D. 全酶包括 σ 因子
E. σ 因子仅与转录启动有关
11. DNA 分子中被转录的链称为
A. 无意义链
B. 模板链
C. 编码链
D. 互补链
E. 多肽链
12. 不对称转录指的是
A. 两条 DNA 链可同时作模板指导生成同一分子 RNA
B. 两相邻的基因的模板链正好位于同一条 DNA 链上
C. DNA 分子中有一条链不含任何基因
D. 基因中只有一条 DNA 链是模板链
E. RNA 聚合酶可使 DNA 的两条链同时被转录
13. 关于转录与复制相似之处的叙述错误的是
A. 都遵循碱基配对规则
B. 新链生成时核苷酸彼此都是通过磷酸二酯键相互连接
C. 聚合酶发挥作用均依赖 DNA
D. 新链合成的方向都是 $5' \rightarrow 3'$
E. DNA 的两条链都可同时作为模板
14. 催化真核生物 tRNA 转录的酶是
A. RNA 聚合酶Ⅰ
B. RNA 聚合酶Ⅱ
C. RNA 聚合酶Ⅲ
D. DNA 聚合酶Ⅰ
E. DNA 聚合酶Ⅲ
15. 利福平和利福霉素抑制结核菌的原因是
A. 抑制细菌的 RNA 聚合酶
B. 激活细菌的 RNA 聚合酶
C. 抑制细菌的 DNA 聚合酶
D. 激活细菌的 DNA 聚合酶
E. 抑制细菌 RNA 转录终止
16. 下列关于启动子的描述，哪一项是正确的
A. mRNA 开始被翻译的那段 DNA 序列
B. 开始转录生成的 mRNA 的那段 DNA 序列
C. RNA 聚合酶最初与 DNA 结合的那段 DNA 序列

D. 阻抑蛋白结合的DNA部位
E. 调节基因结合的部位

17. ρ因子的功能是
A. 结合阻遏物于启动子区
B. 增加RNA合成速率
C. 释放结合在启动子上的RNA聚合酶
D. 参与转录的终止过程
E. 允许特定转录的启动过程

18. 下列关于RNA聚合酶和DNA聚合酶的叙述，哪项是正确的
A. 利用核苷二磷酸合成多核苷酸链
B. RNA聚合酶需要引物
C. DNA聚合酶能同时在链的两端添加核苷酸
D. DNA聚合酶只能以RNA为模板
E. RNA聚合酶和DNA聚合酶只能在多核苷酸链的3′OH-末端添加核苷酸

19. 下列对核酶的说法正确的是
A. 其本质是蛋白质
B. 具有催化功能的核酸
C. 是核酸酶的一种特殊的类型
D. 能催化DNA生物合成
E. 能催化RNA转录

二、多项选择题

［在备选答案中有两个或两个以上是正确的，错选或未选全的均不给分］

1. 下列哪些成分是转录过程所必需的
A. dNTP
B. DNA指导的RNA聚合酶
C. RNA指导的RNA聚合酶
D. NTP
E. DNA模板

2. 关于RNA转录，下列哪些叙述是**不正确**的
A. 模板DNA两条链均具有转录功能
B. 需要引物
C. 是不对称转录
D. ααββ′识别转录起始点
E. σ识别转录起始点

3. 真核细胞内转录后的mRNA加工过程包括
A. 5′末端加"帽子"结构
B. 3′末端加多聚A"尾巴"结构
C. 去除内含子，拼接外显子
D. 在CCA末端加氨基酸臂
E. 部分碱基进行甲基化

4. 比较DNA复制和RNA转录，下列哪项是正确的
A. 原料都是dNTP
B. 链的延长方向都为5′→3′
C. 都是在细胞核内进行的
D. 合成的产物需剪接加工
E. 与模板链的碱基配对均为G-C

5. 下列关于原核生物RNA聚合酶的叙述哪些说法是正确的
A. 全酶由5个亚基（ααββ′σ）组成
B. 在体内核心酶的任何亚基都不能单独与DNA结合
C. 核心酶的组成是ααββ′
D. σ亚基也有催化RNA进行复制的功能
E. σ亚基协助转录起始

6. 转录的终止涉及
A. ρ因子识别转录终止信号
B. RNA聚合酶识别DNA上的终止信号
C. 在DNA模板上终止部位有特殊碱基序列
D. σ因子识别DNA上的终止信号
E. 核酸酶参与终止

7. 关于真核细胞的mRNA的下列哪些说法是正确的
A. 是由hnRNA生成的
B. 3′末端有帽子
C. 其前体经剪接作用，去掉内含子，将

外显子连接起来
D. 5′末端有多聚A尾巴结构
E. 含有少量的稀有碱基

8. 转录过程
A. 无校正系统，但具有高度忠实性
B. 产物与DNA模板只有一个连接点
C. 转录是连续的
D. 转录的方向是5′→3′
E. 需要RNA聚合酶

9. 下列属于RNA转录的原料是
A. ATP
B. GTP
C. TTP
D. UTP
E. CTP

10. RNA聚合酶的抑制剂是
A. 利福平
B. 红霉素
C. 放线菌素D
D. 链霉素
E. 利福霉素

11. 下列关于RNA分子中“帽子”的叙述正确的是
A. 是tRNA的加工过程
B. 存在于tRNA的3′末端
C. 是由多聚腺苷酸（polyA）组成
D. 仅存在于真核细胞的mRNA上
E. 7-甲基鸟嘌呤核苷三磷酸（m^7GpppG）

12. RNA聚合酶Ⅰ催化生成的产物为
A. tRNA
B. 5S rRNA
C. 28S rRNA
D. 5.8S rRNA
E. 18S rRNA

13. tRNA成熟过程包括
A. 在核酸酶的作用下切去多余的核苷酸链
B. 加多聚腺苷酸于3′末端
C. 修饰形成某些稀有碱基
D. 5′末端加帽
E. 加CCA氨基酸臂末端

14. 内含子指的是
A. 不被转录的序列
B. 不被翻译的序列
C. 编码序列
D. 被转录的序列
E. 被翻译的序列

三、填空题

1. 以DNA为模板合成RNA的过程为________，催化此过程的酶是________。
2. 大肠杆菌RNA聚合酶的全酶由________组成，其核心酶的组成为________。
3. RNA转录过程中识别转录启动子的是________因子，识别转录终止部位的是________因子。
4. RNA合成时，与DNA模板中碱基A对应的是________，与碱基T对应的是________。
5. RNA的转录过程分为________、________和________三个阶段。
6. RNA聚合酶Ⅲ催化转录的产物________。
7. 结构基因中具有表达活性的编码序列为________；无表达活性，不能编码相应氨基酸的序列是________。
8. 在体内DNA的双链中只有一条链可以转录生成RNA，此链称为________；另一条链无转录功能，称为________。

四、名词解释

1. 转录单位
2. 模板链
3. mRNA 剪接
4. RNA 编辑
5. 外显子
6. 内含子

五、简答题

1. 简述原核生物 RNA 转录的基本反应过程。
2. 简述不对称转录的含义。

六、论述题

1. RNA 转录的体系包括哪些，以及它们在转录中的作用。
2. 以 mRNA 为例，论述转录后加工具有何特点。

参考答案

一、单项选择题

1. A 2. A 3. A 4. A 5. B 6. A 7. B 8. C
9. A 10. C 11. B 12. D 13. E 14. C 15. A 16. C
17. D 18. E 19. B

二、多项选择题

1. BDE 2. ABD 3. ABCE 4. BCE 5. ABCE 6. AC
7. ACE 8. ABCDE 9. ABDE 10. AE 11. DE 12. CDE
13. ACE 14. BD

三、填空题

1. 转录 RNA 聚合酶
2. $\alpha\alpha\beta\beta'\sigma$ $\alpha\alpha\beta\beta'$
3. σ ρ
4. U A
5. 起始 延长 终止
6. tRNA 和 5SrRNA
7. 外显子 内含子
8. 模板链 编码链

四、名词解释

1. 每一转录区段称为一个转录单位，由同一转录的调节组件与转录的结构基因两部分组成。

2. 体内 DNA 双链中只有一条链可以转录生成 RNA，此链称为模板链，又称为有意义链。
3. hnRNA 在转录加工成 mRNA 的过程中，切掉内含子部分，然后将各个外显子部分再拼接起来的过程。
4. 某些基因转录产生的 mRNA 上的一些序列上经过编辑加工发生改变，如插入或删除某个核苷酸使得多核苷酸链上的某些位点发生改变，从而扩展了原基因编码 mRNA 的能力，导致由一个基因产生不止一种蛋白质。
5. 结构基因中具有表达活性的编码序列。
6. 结构基因中无表达活性，不能编码相应氨基酸的序列。

五、简答题

1. （1）起始阶段：首先由 RNA 聚合酶的 σ 因子辨认 DNA 的启动子部位，并带动 RNA 聚合酶的全酶与启动子结合，在核心酶的作用下，前两个核糖核苷酸按碱基配对原则，以氢键结合于 DNA 模板上并生成第一个磷酸二酯键，从而形成转录起始复合物（RNA－RNA 聚合酶－DNA－pppGpN－OH3′）。RNA 链开始合成后，σ 因子从复合物上脱落，并与新的核心酶结合成 RNA 聚合酶的全酶，起始另一次转录过程。
（2）链的延长：核心酶沿模板 DNA 链向下游方向滑动，每滑动一个核苷酸的距离，则有一个 NTP 按 DNA 模板链的碱基互补关系进入模板，并与先前合成的 RNA 的 3′OH-末端形成一个磷酸二酯键，如此一个接一个地延长下去。随着核心酶的连续滑动，RNA 链不断延长。RNA 链的合成方向是从 5′端→3′端进行的。
（3）链的终止：一种是不依赖 ρ 因子的终止子，其转录产物 3′端形成富含 G/C 的发夹结构及连续的 U，使 RNA 聚合酶自动脱离模板而终止转录。另一种是依赖 ρ 因子的终止子，ρ 因子与 RNA 转录产物结合而终止转录。
2. 有两方面的意义：一方面，转录过程中体内 DNA 双链中只有一条链可以转录生成 RNA，此链称为模板链，又称为有意义链；另一条链无转录功能，称为编码链，又称为反意义链。另一方面，在一个包含多个基因的双链 DNA 分子中，各个基因的模板并不是全在同一条链上，在某个基因节段以某一条链为模板而转录，而在另一个基因节段可由另一条链为模板进行转录。

六、论述题

1. DNA：转录的模板
四种三磷酸核糖核苷（NTP）：RNA 合成的原料
RNA 聚合酶：转录过程中最重要的酶
{ σ 因子可以辨认 DNA 模板上转录的启动子
{ 核心酶：催化四种核糖核苷酸，以 DNA 为模板，按碱基配对原则形成磷酸二酯键。
ρ 因子：识别转录终止序列，与 RNA 转录产物结合，终止转录。
2. （1）剪接：切掉内含子部分，拼接外显子。
（2）加“帽”：真核细胞 mRNA 的 5′末端加入“帽子”结构，即 7－甲基鸟嘌呤核苷三磷酸（m^7GpppN）。
（3）加“尾”：mRNA 分子的 3′末端加多聚腺苷酸尾。

(4) 碱基的修饰：如甲基化碱基

(5) RNA 编辑：有些基因在转录水平上进行 RNA 编辑，扩展了原基因编码 mRNA 的能力，导致由一个基因产生不止一种蛋白质。

(6) RNA 沉默：小分子干扰 RNA，能激发与之互补的目标 mRNA 的沉默，阻断翻译过程。

除此之外，还有 poly A 位点选择等转录后加工方式。

（大庆医学高等专科学校　何旭辉　文程）

第十二章　蛋白质的生物合成——翻译

重点解析

蛋白质的生物合成即翻译过程，是以 mRNA 作为模板、由氨基酸通过肽键结合形成特定多肽链的过程。遗传信息从 mRNA 的核苷酸排列序列传递到蛋白质分子中相应的氨基酸排列序列，因此蛋白质翻译是基因表达最重要的组成部分。20 种 α 氨基酸是蛋白质合成的基本原料，mRNA、tRNA、rRNA 等均参与蛋白质合成过程，此外，还需要有关的酶、蛋白质因子、ATP 与 GTP 供能物质以及必要的无机离子，这些物质总称为蛋白质合成体系。

20 种 α 氨基酸中大多能够经过体内自身合成反应得到补充（见氨基酸代谢一章），但对于人体有 8 种 α 氨基酸属于必需氨基酸，必须经过食物消化吸收来获得。

mRNA 在蛋白质合成中具有重要遗传信息传递的模板作用。mRNA 分子包括 5′端非翻译区、翻译区和 3′端非翻译区，其中翻译区（又称为开放性阅读框架）内每相邻的三个核苷酸编成一组，蛋白质合成时代表某一种氨基酸，称为密码子（又称三联密码），共有 64 个密码子，其中 61 个编码氨基酸，还有起始密码子（同时又是蛋氨酸密码子）和终止密码子。密码子排列具有方向性、无间隔性、使用范围具有一定的通用性等特点。不同氨基酸所具有的密码子数目不同，每一种氨基酸至少有 1 个密码子。当一种氨基酸有多种密码子时，密码子末端结构具有一定的摇摆性。

tRNA 在蛋白质合成中的作用是特异性转运氨基酸，并通过 tRNA 的反密码子与mRNA 的密码子反平行配对结合，使 tRNA3′CCA - OH 端携带的氨基酸能根据 mRNA 密码子信息准确无误地“对号入座”，从而保证遗传信息的正确传递。反密码子中第一位碱基常出现次黄嘌呤（I），它与密码子中 A，C，U 均可形成氢键而结合，配对不甚严格；而反密码子中第 2，3 位碱基与密码子第 2，1 位碱基的结合则是严格遵守配对规律，这是 tRNA 对 mRNA 密码子摇摆性的一种容错机制。氨基酸的 tRNA 转运过程中氨基酰 tRNA 合成酶对于 tRNA 及其对应氨基酸的选择非常严格，这种严格的选择要求是蛋白质翻译中遗传信息正确传递的重要保证，这一过程通常又称为氨基酸的活化与转运。

由不同类型的 rRNA 与多种蛋白质成分分别组成大小亚基核蛋白体，大小亚基核蛋白体上分别具有不同的与蛋白质翻译相关的活性部位，如 A 位、P 位等。由大小亚基共同组装成的核蛋白体是蛋白质多肽链合成的重要场所，即“装配机”。可见在蛋白质合成过程中上述三类 RNA 缺一不可。

蛋白质合成过程包括肽链合成的起始、延长和终止，这三个过程总称为核蛋白体循环。蛋白质合成的起始过程非常复杂，是调节蛋白质合成的重要环节；肽链上每延长一分子氨基酸均包括进位、转肽、脱落和移位四个重复的步骤；最后当 mRNA 上出现终止密码时由终止因子与之结合，停止蛋白质翻译并释放出新合成的蛋白质多肽链。在多肽链合成的任一起始、延长和终止过程中，都有相应蛋白质因子的参与，如起始因子、延长因子和终止因子，并消耗能量分子 ATP 或 GTP。大亚基上的转肽酶（一种核酶）负责氨基酸之间肽键的形成。蛋白质多肽链的合成是一耗能、不可逆的过程，并且有方向性。即 mRNA 移动方向为从 5′→3′，而蛋白质合成方向为由 N 端向 C 端延伸。多个核蛋白体可以同时利用同一条 mRNA 进行蛋白质的翻译，构成多核蛋白体，同时合成多条相同的多肽链，因此体内蛋白质合成速度很快，从而提高合成效率。将原核生物与真核生物在蛋白质合成体系的组成、翻译过程和翻译后加工过程等都有不同程度的差异，请注意比较。

真核生物中许多蛋白质在多肽链合成后还需要经过一定的加工修饰，才能转变成具有一定生物学功能的蛋白质，这个过程称为翻译后的加工修饰。加工修饰方式常有切除 N 端起始的氨基酸、形成二硫键、肽链的水解修剪、氨基酸侧链的修饰、辅基的结合以及亚基的聚合等。不同蛋白质的加工方式略有不同。蛋白质合成是在细胞浆内完成，但分泌性或细胞膜性蛋白质必须先进入内质网内进行适当的加工修饰。新生蛋白质多肽序列上具有一定结构的信号肽序列，不同的信号肽序列是决定该蛋白质未来在不同亚细胞器中定位的基础。新合成的蛋白质多肽链无论在内质网内、还是在内质网外都需进行蛋白质构象的折叠反应，因为适宜构象的蛋白质空间结构是蛋白质功能发挥的重要基础。原核生物蛋白质翻译合成与 mRNA 转录都在同一环境内进行，因此形成边转录边翻译两个过程同时并进的局面，而且蛋白质翻译后的加工过程也相对简单。

体内蛋白质的合成受到各种因素的精密调控，包括激素的调控。遗传信息传递的各个环节均可影响蛋白质的合成，其中以转录水平的调节最为重要。蛋白质的合成与医学有着密切联系，例如分子病，多种抗生素的抗菌、抗肿瘤作用机理均与蛋白质合成过程密切相关。

测　试　题

一、单项选择题

［在备选答案中只有一个是正确的］

1. 翻译过程的产物是
   A. 蛋白质
   B. tRNA
   C. mRNA
   D. rRNA
   E. DNA
2. DNA 的遗传信息通过下列何种物质传递到蛋白质的生物合成
   A. rRNA
   B. tRNA
   C. DNA 本身
   D. mRNA
   E. 核蛋白体
3. 下列哪种物质在蛋白质合成中起转运氨基酸的作用
   A. mRNA
   B. rRNA
   C. 起始因子
   D. 延长因子
   E. tRNA
4. 氨基酸通过下列哪种化学键形成蛋白质
   A. 糖苷键
   B. 酯键
   C. 氢键
   D. 磷酸二酯键
   E. 肽键
5. 下列关于反密码子的叙述，哪一项是正确的

A. 由 tRNA 中相邻的三个核苷酸组成
B. 由 mRNA 中相邻的三个核苷酸组成
C. 由 DNA 中相邻的三个核苷酸组成
D. 由 rRNA 中相邻的三个核苷酸组成
E. 由多肽链中相邻的三个氨基酸组成

6. 组成 mRNA 四种核苷酸每相邻三个核苷酸一组，总共能组成多少种密码子
A. 16
B. 46
C. 64
D. 32
E. 61

7. 与 mRNA 中密码子 5′-ACG-3′相应的反密码子（5′→3′）是
A. CGU
B. CGA
C. UCG
D. UGC
E. GCU

8. 人体内不同细胞能合成不同蛋白质，是因为
A. 各种细胞的基因不同
B. 各种细胞的基因相同，而表达基因不同
C. 各种细胞的蛋白酶活性不同
D. 各种细胞的蛋白激酶活性不同
E. 各种细胞的氨基酸不同

9. AUG 除可代表蛋氨酸的密码子外还可作为
A. 肽链起始因子
B. 肽链释放因子
C. 肽链延长因子
D. 肽链起始密码子
E. 肽链终止密码子

10. 在蛋白质生物合成中催化氨基酸之间肽键形成的酶是
A. 氨基酸合成酶
B. 转肽酶
C. 羧基肽酶
D. 氨基肽酶
E. 氨基酸连接酶

11. 氯霉素可抑制
A. DNA 复制
B. RNA 转录
C. 蛋白质生物合成
D. 生物氧化呼吸链
E. 核苷酸合成

12. 蛋白质分子组成中的下列氨基酸哪一种没有遗传密码
A. 色氨酸
B. 蛋氨酸
C. 羟脯氨酸
D. 谷氨酰胺
E. 组氨酸

13. 蛋白质生物合成中多肽链的氨基酸排列顺序取决于
A. 相应 tRNA 的专一性
B. 相应氨基酰 tRNA 合成酶的专一性
C. 相应 tRNA 上的反密码
D. 相应 mRNA 中核苷酸排列顺序
E. 相应 rRNA 的专一性

14. 蛋白质生物合成中能终止多肽链延长的密码有几个
A. 1
B. 2
C. 3
D. 4
E. 5

15. 以含有 CCA 重复顺序的人工合成多核苷酸链为模板，在无细胞蛋白质合成体系中能合成三种多肽；多聚谷氨酸、多聚天冬氨酸和多聚苏氨酸。已知谷氨酸和天冬氨酸的密码分别是 CCA 和 ACC，则苏氨酸的密码应是
A. AAC
B. CAA
C. CAC
D. CCA

E. ACA

16. 下列关于氨基酸密码子的描述哪一项是错误的
A. 密码有种属特异性，所以不同生物合成不同的蛋白质
B. 密码阅读有方向性，从5′端到3′端
C. 一种氨基酸可以有一组以上的密码子
D. 一组密码子只代表一种氨基酸
E. 密码第3位碱基在决定参入氨基酸的特异性方面重要性较小

17. 遗传密码子的简并性指的是
A. 一些三联体密码可缺少一个嘌呤碱或嘧啶碱
B. 密码中有许多稀有碱基
C. 大多数氨基酸有一组以上的密码子
D. 一些密码子适用于一种以上的氨基酸
E. 一种氨基酸只有一种密码子

18. 在核蛋白体上没有结合部位的是
A. 氨基酰 tRNA 合成酶
B. 氨基酰 tRNA
C. 肽酰 tRNA
D. mRNA
E. GTP

19. 蛋白质生物合成时
A. 由 tRNA 识别 DNA 上的三联密码
B. 氨基酸能直接与其特异的三联体密码连接
C. tRNA 的反密码子能与 mRNA 上相应密码子形成碱基对
D. 在合成蛋白质之前，氨基酸密码中碱基全部改变时才会出现由一种氨基酸替换另一种氨基酸
E. 核蛋白体从 mRNA 的5′端向3′端滑动时，相当于蛋白质从C端向N端延伸

20. 下述关于蛋白质生物合成的描述哪一项是错误的
A. 氨基酸必须活化成活性氨基酸
B. 氨基酸的羧基端被活化
C. 体内所有的氨基酸都有相应密码子
D. 活化的氨基酸被搬运到核蛋白体上
E. tRNA 的反密码子与 mRNA 上的密码子按碱基配对原则结合

21. 蛋白质生物合成中每生成一个肽键消耗的高能磷酸键数为
A. 2
B. 3
C. 4
D. 5
E. 6

22. 形成镰刀状红细胞贫血的原因是
A. 缺乏维生素 B_{12}
B. 缺乏叶酸
C. 血红蛋白的β链N末端缬氨酸变成了谷氨酸
D. 血红蛋白β链基因中的CTT变成了CAT
E. 血红蛋白β链基因中的CAT变成了CTT

二、多项选择题

[在备选答案中有两个或两个以上是正确的，错选或未选全的均不给分]

1. 蛋白质生物合成所需要的物质有
A. 各种氨基酸
B. mRNA
C. tRNA
D. rRNA
E. 核蛋白体

2. 关于密码子，正确的叙述是
A. 一种氨基酸可有几种密码子
B. 三个相邻核苷酸决定一种密码子
C. 密码子的阅读方向 3′→5′

D. 有三种起始密码子
E. 有一种终止密码子

3. 有关氨基酸的活化，正确的叙述是
A. 氨基酸必须经活化后才能参与蛋白质合成
B. 氨基酸的活化发生在氨基上
C. 活化反应由氨基酰 tRNA 合成酶催化
D. 活化的氨基酸结合在 tRNA 的氨基酸臂上
E. 活化的氨基酸结合在 tRNA 的反密码子上

4. 肽链合成后的可能加工方式包括
A. 切除肽链起始的氨基酸
B. 切除部分肽段
C. 形成二硫键
D. 肽链的聚合
E. 部分氨基酸残基的修饰

5. 蛋白质分子中下列哪些氨基酸是肽链合成后加工形成的
A. 色氨酸
B. 蛋氨酸
C. 谷氨酰胺
D. 羟脯氨酸
E. 羟赖氨酸

6. 蛋白质生物合成中能量的来源有
A. ATP
B. GTP
C. UTP
D. CTP
E. GDP

7. 在蛋白质生物合成过程中，有
A. 氨基酸的活化和运输
B. 氨基酰 tRNA 穿过核膜到达核内
C. 活化氨基酸在核蛋白体上缩合
D. GTP 参与反应
E. ATP 参与反应

8. 下述蛋白质的生物合成过程正确的是
A. 氨基酸结合到 tRNA 上
B. 多肽链的合成从 C 端向 N 端延伸
C. mRNA 沿着核蛋白体移动
D. 多肽链最初是连接在 tRNA 上
E. 一条 mRNA 上可同时有多个核蛋白体进行蛋白质合成

9. 下列关于翻译过程的描述正确的是
A. mRNA 上 3 个相邻核苷酸编码一个氨基酸
B. 终止密码指令多肽链合成终止
C. 密码的最后一个核苷酸较前两个具有较小的专一性
D. 一种氨基酸有一种以上的密码
E. 起始密码只有一个

10. 下列关于翻译过程的描述正确的是
A. 启动阶段核蛋白体与 mRNA 的结合是在 mRNA 的 5′端或靠近 5′端
B. 多肽链合成中 C 末端的氨基酸是最后参入的
C. 存在一系列的肽酰 tRNA 中间物
D. 氨基酰 tRNA 将氨基酰基传给肽酰 tRNA
E. 延长过程要消耗 ATP

11. 下述关于氨基酰 tRNA 合成酶，正确的是
A. 能活化氨基酸的氨基
B. 以 GTP 为能量来源
C. 氨基酸与 tRNA3′端羟基形成酯键
D. 促使相应的 tRNA 与活化氨基酸相连
E. 氨基酸与 tRNA 的结合是特异的

12. 下列关于遗传密码的叙述，正确的是
A. 翻译时密码的第 3 个碱基和反密码的第 1 个碱基的配对不很严格
B. 密码子中第 3 个碱基改变比第 1 个碱基改变引起氨基酸变化的可能性小
C. 反密码的 5′端第一个核苷酸常出现稀有核苷酸
D. AUG 是起始密码
E. 哺乳动物不同种类其密码子所代表

的氨基酸不同

13. 真核生物遗传密码 AUG 代表
    A. 启动密码
    B. 终止密码
    C. 色氨酸密码
    D. 苯丙氨酸密码
    E. 蛋氨酸密码
14. 关于遗传密码正确的是
    A. 每种氨基酸都有一组以上密码子
    B. 所有密码都决定着特定氨基酸
    C. 鸟氨酸、瓜氨酸和羟脯氨酸都有遗传密码
    D. 起始部位的 AUG 同时是起始密码和蛋氨酸密码
    E. 终止密码使多肽链合成终止
15. tRNA 反密码子中除有 AUGC 外，常含有 I，它可与密码中哪些碱基配对
    A. U
    B. A
    C. G
    D. C
    E. T
16. 下列哪些成分是核蛋白体循环起始阶段所必需的
    A. 蛋氨酰 tRNA
    B. 核蛋白体
    C. 起始因子
    D. ATP
    E. mRNA 的起始密码 AUG
17. 下列哪些成分是核蛋白体循环延长阶段所需要的
    A. 核蛋白体
    B. mRNA
    C. 延长因子
    D. 氨基酰 tRNA
    E. GTP
18. 原核生物核蛋白体循环的肽链延长阶段
    A. 包括进位、转肽和移位
    B. 消耗 1 分子 GTP
    C. 需要延长因子
    D. 移位后肽酰 tRNA 在大亚基的受位上
    E. 移位时核蛋白体沿 mRNA 从 3′→5′ 滑动一个密码子的距离
19. 下列哪些成分是核蛋白体循环终止阶段所需要的
    A. 核蛋白体
    B. 终止因子
    C. 遗传密码 UAA、UAG、UGA
    D. GTP
    E. 氨基酰 tRNA
20. 与蛋白质生物合成过程有关的酶有
    A. 氨基酰 tRNA 合成酶
    B. 转位酶
    C. 转氨酶
    D. 转肽酶
    E. RNA 聚合酶
21. 与蛋白质生物合成过程有关的蛋白质因子有
    A. 起始因子
    B. 延长因子
    C. 终止因子
    D. σ 因子
    E. ρ 因子
22. 下列哪些抗生素能与细菌核蛋白体大亚基结合
    A. 嘌呤霉素
    B. 链霉素
    C. 氯霉素
    D. 四环素
    E. 红霉素
23. 能抑制细菌蛋白质生物合成过程进行的抗生素是
    A. 氯霉素
    B. 四环素
    C. 红霉素
    D. 利福霉素
    E. 链霉素

三、填空题

1. 蛋白质合成的原料是________；细胞中合成蛋白质的场所是________。
2. 蛋白质合成过程中，参与氨基酸活化与转运的酶是________；参与肽键形成的酶是________。
3. 密码子共有________个，其中编码氨基酸的密码子有________。
4. 阅读 mRNA 密码子的方向是________；多肽链合成的方向是________。
5. 核蛋白体循环包括肽链合成的起始、________和________三个过程。
6. 一些蛋白质因子参与蛋白质多肽链的合成，包括________因子和________因子。
7. 一种氨基酸最多可以有________个密码子，一个密码子最多决定________种氨基酸。
8. 翻译的起始密码子多为________，其相应的氨基酸为________。

四、名词解释

1. 密码子
2. 核蛋白体循环
3. 多核蛋白体
4. 翻译后加工

五、简答题

1. 讨论三种 RNA 在蛋白质合成过程中的作用。
2. 举例说明蛋白质生物合成与医学的关系。

六．论述题

1. 讨论翻译后加工的常见方式。
2. 试比较复制、转录、翻译过程的异同点。
3. 蛋白质生物合成过程中需要哪些蛋白质因子参加？它们各起什么作用？

参考答案

一、单项选择题

1. A	2. D	3. E	4. E	5. A	6. C	7. A	8. B
9. D	10. B	11. C	12. C	13. D	14. C	15. C	16. A
17. C	18. A	19. C	20. C	21. C	22. D		

二、多项选择题

1. ABCDE	2. AB	3. ACD	4. ABCDE	5. DE	6. AB
7. ACDE	8. AE	9. ABCDE	10. AB	11. CDE	12. ABCD
13. AE	14. ADE	15. ABD	16. ABCDE	17. ABCDE	18. AC
19. ABC	20. ABD	21. ABC	22. CE	23. ABCE	

三、填空题

1. 氨基酸　核蛋白体
2. 氨基酰 tRNA 合成酶　转肽酶
3. 64　61
4. 5′→3′　N 端→C 端
5. 延长　终止
6. 起始因子　延长因子
7. 6　1
8. AuG　蛋氨酸

四、名词解释

1. mRNA 分子中每相邻的三个核苷酸编成一组，在蛋白质合成时，代表某一种氨基酸，称为密码子。
2. 核蛋白体是合成蛋白质的场所，其大小亚基聚合，经肽链的起始、延长，终止阶段合成一条多肽链。多肽链从核蛋白体上脱落，大小亚基解聚。解离后的大小亚基可以重新聚合成完整的核蛋白体，开始新的肽链合成，循环往复，叫核蛋白体循环。
3. 细胞内多个核蛋白体连接在同一条 mRNA 分子上，进行蛋白质合成，这种聚合体称为多核蛋白体。
4. 从核蛋白体上释放出来的多肽链，多数不具有正常生理功能，要经过多种方式的修饰才能转变成具有一定生物学活性的蛋白质，这个过程叫翻译后加工。

五、简答题

1. mRNA：蛋白质合成的模板。
   tRNA：转运氨基酸到正确的位置。
   rRNA：与其他蛋白质组成核蛋白体，是蛋白质合成的场所。
2. 多种抗生素可以作用于从 DNA 复制到蛋白质合成的遗传信息传递的各个环节，阻抑细菌或肿瘤细胞的蛋白质合成，从而发挥药理作用。各种抗生素及其作用机理详见主教材表 12-3。

六、论述题

1. （1）切除 N 端蛋氨酸。
   （2）二硫键的形成：两个半胱氨酸之间可形成二硫键。
   （3）水解修剪：去除部分肽段和氨基酸残基。
   （4）侧链修饰某些氨基酸残基需加工修饰，如磷酸化、羟化等。
   （5）辅基结合多肽链与糖基结合可形成糖蛋白，与脂类物质结合可形成脂蛋白，珠蛋白与血红素结合形成血红蛋白，其中糖、脂、血红素均为辅基。
   （6）亚基聚合两个或两个以上亚基通过非共价结合成多聚体，形成具有四级结构的蛋白质。

2. 见主教材表12-2。

3. 起始因子：参与起始复合物的形成。

延长因子：参与延长过程中的进位和移位。

终止因子：参与多肽链合成的终止，使核蛋白体大亚基的转肽酶变为水解酶活性。

（北京大学医学部　李载权　周爱儒）

第十三章　基因表达调控与基因工程

重点解析

基因表达调控是指细胞受环境信号刺激或适应环境营养供给变化，在基因表达水平上作出应答反应的分子机制。基因工程是通过人工重组DNA技术获得某一目的基因的无性繁殖系——DNA克隆，或实现目的基因在一定表达体系大量表达的一套工程技术群。基因表达调控和基因工程虽属两个不同的研究范畴，但两个领域所涉及的理论与技术既有共同之处，又有很大差异；两者彼此独立，又密切相关、相互促进。

一、基因表达调控的概念及生物学意义

基因表达是指在各种调节机制控制下，从基因激活开始，经历转录、翻译等过程产生具有生物学功能的蛋白质分子，从而赋予细胞一定的功能或表型，或使生物体获得一定的遗传性状。编码蛋白质的遗传信息储存于染色体基因组DNA序列中，哪些基因需要被表达，哪些基因需要被关闭，取决于生存需要变化对这些基因的表达调控。

原核生物调节基因表达是为适应环境变化、调节代谢、维持细胞生长与分裂；真核生物调节基因的表达既为适应环境变化，也为控制生物体的生长、发育及分化。无论是原核生物还是真核生物，都是通过基因表达调控以适应环境，实现其与环境变化的统一，维持生长与繁殖。

二、基因表达调控的方式和规律

（一）基因表达的方式

不同基因功能不同，基因表达的方式也不同。主要有两种方式：① 基本的基因表达：有些基因在生物个体生命全过程的几乎所有细胞中持续表达，称为基本的基因表达。这类基因通常被称之为管家基因。基本的基因表达并非绝对一成不变，其表达也是在一定机制调控下进行的。② 可调节的基因表达——诱导与阻遏：大多数基因表达水平极易受外部环境变化的影响。有些基因的表达水平在特定环境中会出现增高的现象，称为诱导，这类基因被称为可诱导基因。相反，有些基因在对环境信号应答时表现为表达水平降低，此现象称作阻遏，这类基因就是可阻遏基因。刺激诱导发生的分子称为诱导剂，引起阻遏发生的分子称为阻遏剂。

（二）基因表达调控的规律

表现为阶段特异性和组织特异性两种规律：① 阶段特异性：按功能需要，某一特定基因的表达严格按一定时间顺序发生，称为基因表达的时间特异性。在多细胞生物不同的发育阶段，会有不同的基因严格按自己特定的时间顺序开启或关闭，表现为与分化、发育阶段一致的时间性。因此，多细胞生物基因表达的时间特异性又称阶段特异性。② 组织特异性：

在多细胞生物个体生长、发育全过程，一种基因产物在不同的组织或器官表达，即在个体的不同空间出现；在发育、分化的特定时期内，不同基因在同一组织细胞内表达水平也不同，称为基因表达的空间特异性，又称细胞特异性或组织特异性。

三、基因表达调控基本原理

基因表达调控是在多级水平上进行的。基因激活、转录起始、转录后加工、mRNA降解、蛋白质翻译、翻译后加工修饰及蛋白质降解等均为基因表达调控的控制点。其中，转录起始是基因表达的基本控制点。DNA元件、调节蛋白和RNA聚合酶是转录起始环节调节基因表达的三大要素。

（一）DNA元件

主要指具有调节功能的特异DNA序列。原核生物大多数基因的表达调控通过操纵子机制实现。操纵子由启动序列、操纵序列等调节序列及其下游的编码序列串联组成。启动序列是RNA聚合酶结合并启动转录的特异DNA序列。操纵序列是原核阻遏蛋白的结合位点。当操纵序列结合有阻遏蛋白时会阻碍RNA聚合酶与启动序列的结合，或使RNA聚合酶不能沿DNA向前移动，阻遏转录，介导负性调节。大多数真核基因调控以正性调节为主，其调节机制普遍涉及编码序列两侧的DNA序列，称为顺式作用元件。根据顺式作用元件在基因中的位置、转录激活作用的性质及发挥作用的方式，可将其分为启动子、增强子及抑制子三类。

（二）调节蛋白

原核基因调节蛋白分为三类：特异因子、阻遏蛋白和激活蛋白。特异因子决定RNA聚合酶对一个或一套启动序列的特异性识别及结合能力。阻遏蛋白通过识别、结合操纵序列，抑制基因转录，起负性调节作用。激活蛋白介导正性调节。真核基因调节蛋白又称转录因子或反式作用因子，按功能又可分为基本转录因子、增强子结合因子和转录抑制因子三类。

（三）RNA聚合酶

DNA元件与调节蛋白对转录激活的调节作用最终由RNA聚合酶活性体现。启动序列/启动子的结构、调节蛋白的性质对RNA聚合酶活性影响很大。

表观遗传对基因表达的调控是近年分子生物学研究热点。表观遗传是指DNA序列未发生变异的情况下，基因表达的可遗传改变，即这种改变在发育和细胞增殖过程中能稳定传递。表观遗传通过DNA甲基化、组蛋白修饰、染色质重塑以及非编码RNA调控等方式来控制基因表达，任何一方面的异常都将影响染色质结构和基因表达，导致复杂综合征、多因素疾病以及肿瘤。

四、原核基因表达调控的操纵子学说

（一）原核基因转录调节特点

原核基因的表达也受多级调控，如转录起始、转录终止、翻译调控及RNA、蛋白质的稳定性等，但其表达调控的关键机制主要发生在转录起始。概括原核基因转录调节有以下特点：（1）σ因子决定RNA聚合酶识别特异性；（2）操纵子模型的普遍性；（3）阻遏蛋白与阻遏机制的普遍性。

（二）原核基因表达调控基本原理——操纵子学说

大多数原核生物的多个功能相关基因串联在一起，依赖同一调控序列对其转录进行调节，共同构成一个转录单位，称为操纵子。操纵子机制在原核基因表达调控中具有普遍意义。大肠杆菌的乳糖操纵子含 Z、Y 及 A 三个结构基因，分别编码β-半乳糖苷酶、透酶和乙酰基转移酶，此外还有一个操纵序列 O、一个启动序列 P 及一个调节基因 I。I 基因编码一种阻遏蛋白，后者与 O 序列结合，使操纵子受阻遏而处于关闭状态。在启动序列 P 上游还有一个分解（代谢）物基因激活蛋白（CAP）结合位点。由 P 序列、O 序列和 CAP 结合位点共同构成乳糖操纵子的调控区，三个酶的编码基因即由同一调控区调节，实现基因产物的协调表达。

乳糖操纵子的阻遏蛋白介导负性调节。在没有乳糖存在时，乳糖操纵子处于阻遏状态。此时，I 序列在 P_I 启动序列作用下表达的阻遏蛋白与 O 序列结合，阻碍 RNA 聚合酶与 P 序列结合，抑制转录启动。当有乳糖存在时，乳糖操纵子即可被诱导。CAP 分子内有 DNA 结合区及 cAMP 结合位点，介导乳糖操纵子的正性调节。当没有葡萄糖及 cAMP 浓度较高时，cAMP 与 CAP 结合，这时 CAP 结合在启动序列附近的 CAP 位点，可刺激 RNA 转录活性；当有葡萄糖存在时，cAMP 浓度降低，cAMP 与 CAP 结合受阻，乳糖操纵子转录活性下降。乳糖操纵子阻遏蛋白的负性调节与 CAP 正性调节协调合作：当 Lac 阻遏蛋白封闭转录时，CAP 对该系统不能发挥作用；另一方面，如果没有 CAP 存在来加强转录活性，即使阻遏蛋白从操纵序列上解聚仍几无转录活性。

五、真核基因表达调控原理

（一）真核基因结构特点

真核基因组的结构主要有以下特点：① 结构庞大，哺乳类动物基因组 DNA 由约 3×10^9 bp（碱基对）的核苷酸组成。人类基因组计划测定人的基因组大约有 3 万～4 万个基因。② 单顺反子，真核生物的一个编码基因转录生成一个 mRNA 分子，经翻译生成一条多肽链。③ 重复序列，在原核、真核 DNA 中都有重复出现的核苷酸序列，但在真核更普遍。重复序列具有种属特异性，基因组越大，重复序列含量越丰富。某些重复序列发生在调控区，可能对 DNA 复制、转录调控具有重要意义。④ 基因不连续性，真核结构基因两侧存在有不被转录的非编码序列，在结构基因内部尚有一些不为蛋白质编码的间隔序列，称内含子，而编码序列称外显子，因此真核基因是不连续的。

（二）真核基因转录特点

与原核基因转录过程不同，表现在：① 活性染色体结构变化，当真核基因被激活时，可观察到染色质转录区域发生多种结构变化及某些性质改变。② 正性调节占主导，真核 RNA 聚合酶对启动子的亲和力极小或根本没有实质的亲和力，转录起始需依赖某些激活蛋白的作用，因此真核基因组广泛存在正性调节机制。③ 转录与翻译分隔进行，真核细胞具有细胞核、核膜及胞浆等区间分布，转录在细胞核内进行，翻译在胞浆进行。

（三）真核基因转录激活调节

以真核 mRNA 转录调节为例，顺式作用元件、反式作用因子及二者对 RNA 聚合酶 II 活性的调节是真核基因表达调控的基本要素。

顺式作用元件是转录调节因子的结合位点，包括启动子、增强子和抑制子。启动子是指 RNA 聚合酶 II 结合位点周围的一组转录控制组件，每个启动子包括至少一个转录起始点以及一个以上的机能组件。转录调节因子即通过这些控制组件对转录起始发挥作用。增强子是指远离转录起始点、决定基因的时间、空间特异性表达、增强启动子转录活性的DNA序列，其发挥作用的方式通常与方向、距离无关。从机能上讲，没有增强子存在，启动子通常不能表现活性；没有启动子时，增强子也无法发挥作用。某些基因含有负性调节元件——沉默子，当其结合特异蛋白因子时，对基因转录起阻遏作用。

反式作用因子，又称转录因子、转录调节因子或转录调节蛋白。按功能特性可将转录因子分为如下三类：① 基本转录因子，是RNA聚合酶结合启动子所必需的一组蛋白因子。② 转录激活因子，凡是通过DNA-蛋白质、蛋白质-蛋白质相互作用起正性转录调节作用的因子均属此范畴。增强子结合因子就是典型的转录激活因子。③ 转录抑制因子，包括所有通过DNA-蛋白质、蛋白质-蛋白质相互作用产生负性调节效应的因子。大多数转录因子含不同的功能区，如DNA结合区、转录激活区等；有些转录因子还具有介导蛋白质-蛋白质相互作用的结构域。顺式作用元件与反式作用因子之间的DNA-蛋白质相互作用、反式作用因子之间的蛋白质-蛋白质相互作用是转录起始复合物形成过程中重要的反应形式。

真核RNA聚合酶Ⅱ不能单独识别启动子，而是先由基本转录因子TFII D识别TATA盒并与之特异性结合，形成TFII D-启动子复合物，这一过程由TFII A促进；接着由TFII B加入装配，结合到启动子DNA上。在TFII F等参与下，RNA聚合酶II与TFII D、TFII B聚合，形成一个功能性的前起始复合物。在几种基本转录因子中，TFII D是唯一能与DNA直接结合的转录因子，在复合物组装过程中起关键性作用，很多特异转录调节因子也以TFII D为靶分子控制转录起始。

在真核细胞内，不同的DNA元件相互组合可产生多种类型的转录调节方式；多种转录因子又可结合相同或不同的DNA元件。这样，DNA元件不同，存在于细胞内的转录因子种类、性质及浓度不同，所发生的DNA-蛋白质、蛋白质-蛋白质相互作用类型不同，使真核基因转录起始调节方式呈现出多样性和复杂性。

（四）短链非编码RNA对真核基因的调节

常见的短链非编码RNA有微小RNA（miRNA）和小干涉RNA（siRNA）。miRNA由长度为70～90个碱基的单链RNA前体经特异的内切核酸酶Dicer剪切后形成，含20～25个碱基。成熟的miRNA与其他蛋白质一起组成RNA诱导的沉默复合体（RISC），通过与靶mRNA分子的3′端非编码区互补配对，从而抑制该mRNA分子的翻译。siRNA由细胞内一类双链RNA在特定情况下酶切而成，长度约为21～23个碱基。双链siRNA参与RISC组成，与特异的靶mRNA完全互补结合，导致靶mRNA降解，从而阻断翻译过程。

六、基因重组与基因工程

基因重组是所有生物都可能发生的基本遗传现象，是基因变异和物种演变、生物进化的基础。基因工程，也称重组DNA技术，是对携带遗传信息的DNA分子进行设计和改造的分子工程。

（一）基因重组

基因重组分为三种类型，即同源重组、位点特异性重组和转座重组。同源重组是指发生在同源序列间的重组，它通过链的断裂和再连接，在两个DNA分子同源序列间进行单链或双链片段的交换，这是最基本的基因重组方式。特异性重组是指由整合酶催化，在两个DNA序列的特异位点间发生的整合。转座重组是指由插入序列和转座子介导的基因移位或重排。转座重组发生在顺序不相同的DNA分子间，在形成重组分子时往往依赖于DNA的复制而完成重组过程。

（二）基因工程

基因工程就是应用酶学的方法，在体外将感兴趣的目的基因与载体DNA结合成一具有自我复制能力的DNA分子——复制子，继而通过转化或转染宿主细胞，筛选出含有目的基因的转化子细胞，再进行扩增、提取获得大量同一DNA分子的过程，即DNA克隆。一个完整的基因工程基本过程包括：目的基因的获取，基因载体的选择与构建，目的基因与载体的拼接，重组DNA分子导入受体细胞，筛选并无性繁殖含重组分子的受体细胞（转化子）及目的基因的表达。

目的基因可通过化学合成、基因组文库、cDNA文库或PCR法等多种途径获取。克隆载体的选择和改建是极富技术性的问题，目的不同，操作基因的性质不同，载体的选择和改建方法也不同。常用的克隆载体有质粒、噬菌体和病毒DNA等。将目的基因与载体连接在一起，即DNA的体外重组。重组DNA分子导入受体菌（细胞）有转化、转染和感染等不同方式。重组DNA分子导入受体菌后，需采用一定的方法将含有目的基因的转化菌筛选出来，常用的筛选方法有直接筛选法（如抗药标志选择、标志补救、分子杂交法等）和免疫学方法（如免疫化学法及酶联免疫检测分析等）。基因工程技术除了用于克隆目的基因，也可以表达或大量生产有益的蛋白质产品。大肠杆菌是最常用的原核表达体系，酵母、昆虫细胞或哺乳类动物细胞是常用的真核表达体系，二者各有优缺点。

基因工程技术的应用范围非常广泛，在医药卫生领域的应用包括疾病基因的发现与克隆、生物制药、基因诊断、基因治疗以及遗传病的预防等。

测　试　题

一、单项选择题

［在备选答案中只有一个是正确的］

1. 基因表达产物
   A. 是DNA
   B. 是RNA
   C. 是蛋白质
   D. 大多是蛋白质，有些基因产物是RNA
   E. 是酶和DNA
2. 原核基因表达调控的意义是
   A. 调节生长与分化
   B. 调节发育与分化
   C. 调节生长，发育与分化
   D. 调节代谢，适应环境
   E. 维持细胞特性和调节生长
3. 真核基因表达调控的意义是
   A. 调节代谢，适应环境
   B. 调节代谢，维持生长
   C. 调节代谢，维持发育与分化
   D. 调节代谢，维持生长、发育与分化
   E. 调节代谢，适应环境，维持生长、发育与分化
4. 下述关于管家基因表达描述最确切的是
   A. 在生物个体的所有细胞中表达

B. 在生物个体全生命过程的几乎所有细胞中持续表达
C. 在生物个体全生命过程的部分细胞中持续表达
D. 在特定环境下的生物个体全生命过程的所有细胞中持续表达
E. 在特定环境下的生物个体全生命过程的部分细胞中持续表达

5. 基本的基因表达
A. 有诱导剂存在时表达水平增高
B. 有诱导剂存在时表达水平降低
C. 有阻遏剂存在时表达水平增高
D. 有阻遏剂存在时表达水平降低
E. 极少受诱导剂或阻遏剂影响

6. 紫外线照射引起 DNA 损伤时，细菌 DAN 修复酶基因表达反应性增强，这种现象称为
A. 诱导
B. 阻遏
C. 基本的基因表达
D. 正反馈
E. 负反馈

7. 根据目前的认识，大多数基因表达调控的基本环节是在
A. 复制水平
B. 转录水平
C. 转录起始水平
D. 翻译水平
E. 翻译后水平

8. 顺式作用元件是指
A. TATA 盒和 CCAAT 盒
B. 具有调节功能的 DNA 序列
C. 5′侧翼序列
D. 3′侧翼序列
E. 非编码序列

9. 乳糖操纵子中的 I 基因编码产物是
A. 一种激活蛋白
B. 一种阻遏蛋白
C. 一种 β-半乳糖苷酶
D. 透酶
E. 乙酰基转移酶

10. 阻遏蛋白结合乳糖操纵子中的
A. O 序列
B. P 序列
C. I 基因
D. Y 基因
E. Z 基因

11. 作为克隆载体的最基本条件是
A. DNA 分子量较小
B. 环状双链 DNA 分子
C. 有自我复制功能
D. 有多克隆位点
E. 有一定遗传标志

12. 采用聚合酶链反应（PCR）技术扩增 DNA，扩增产物的长度取决于
A. DNA 聚合酶活性
B. 引物序列
C. 模板长度
D. 循环次数
E. 三磷酸脱氧核苷浓度

13. 限制性核酸内切酶切割 DNA 后产生
A. 3′磷酸基末端和 5′羟基末端
B. 5′磷酸基末端和 3′羟基末端
C. 3′羟基末端和 5′羟基末端
D. 5′磷酸基末端和 3′磷酸基末端
E. 3′羟基末端和一分子游离磷酸

14. 一个操纵子通常含有
A. 一个启动序列和一个编码序列
B. 一个启动序列和数个编码序列
C. 数个启动序列和一个编码序列
D. 数个启动序列和数个编码序列
E. 一个启动序列和数个调节基因

15. 基因工程中实现目的基因与载体 DNA 拼接的酶是
A. DNA 聚合酶
B. RNA 聚合酶
C. DNA 连接酶
D. RNA 连接酶

E. 限制性核酸内切酶

16. 真核基本转录因子中直接识别、结合TATA盒的是

A. TFIIA

B. TFIIB

C. TFIID

D. TFIIE

E. TFIIF

二、多项选择题

［在备选答案中有两个或两个以上是正确的，错选或未选全的均不给分］

1. 基因表达产物

A. 可以是DNA

B. 可以是tRNA

C. 可以是mRNA

D. 可以是rRNA

E. 可以是蛋白质

2. 基因的组织特异性表达可表现为

A. 在同一组织不同基因表达不同

B. 在不同组织同一基因表达不同

C. 在不同组织不同基因表达不同

D. 在同一组织不同基因表达相同

E. 在不同组织同一基因表达相同

3. 直接参与乳糖操纵子调控的因素有

A. I基因编码蛋白

B. Z基因编码蛋白

C. CAP

D. Y基因编码蛋白

E. 乳糖

4. 参与原核基因表达调控的因子可以是

A. 激活蛋白

B. 阻遏蛋白

C. 基本转录因子

D. σ特异因子

E. 某些小分子化合物

5. 可用作克隆载体的DNA分子有

A. 染色体DNA

B. 病毒DNA

C. 细菌DNA

D. 噬菌体DNA

E. 质粒DNA

6. 基因工程基本过程包括

A. 目的DNA的获取

B. 克隆载体的改建

C. 目的DNA与载体的拼接

D. 将重组分子导入受体菌

E. 重组DNA分子转化受体菌的筛选

7. 根据目前认识，基因表达调控可以发生在

A. 复制水平

B. 转录水平

C. 转录起始

D. 翻译水平

E. 翻译后水平

8. 顺式作用元件包括

A. TATA盒和CCAAT盒

B. 具有调节功能的各种DNA序列

C. 具有调节功能的5′侧翼序列

D. 具有调节功能的3′侧翼序列

E. 所有非编码序列

9. 分子克隆又称

A. DNA克隆

B. 制备单克隆抗体

C. 基因克隆

D. 分离提取DNA

E. 重组DNA

10. 反式作用因子

A. 指转录调节蛋白而言

B. 指转录调节因子而言

C. 包括RNA聚合酶

D. 包括DNA聚合酶

E. 包括DNA酶I

11. 管家基因的表达

A. 水平一般较高

B. 受环境影响较小

C. 易受环境影响
D. 阶段特异性不明显
E. 阶段特异性明显

12. 真核基因表达调控特点是
A. 正性调节占主导
B. 负性调节占主导
C. 转录与翻译分隔进行
D. 转录与翻译偶联进行
E. 伴有染色体结构变化

13. 乳糖操纵子中具有调控功能的是
A. A基因
B. O基因
C. P序列
D. Y序列
E. Z基因

14. 原核基因表达调控的共同特点是
A. 3种RNA聚合酶分别参与合成tRNA、mRNA和rRNA
B. σ因子决定RNA聚合酶识别的特异性
C. 基因激活普遍涉及阻遏蛋白的去阻遏机制
D. 基因转录活性与启动子序列有关
E. 基因转录活性与增强子序列有关

15. 参与组成聚合酶链反应体系的有
A. DNA引物
B. DNA模板
C. 三磷酸脱氧核苷
D. Taq DNA聚合酶
E. RNA聚合酶

三、填空题

1. 细菌调节基因表达是为调节代谢，适应________、维持________。
2. 多细胞真核生物调节基因表达是为调节代谢，适应________、维持________。
3. 对环境信号应答时，基因表达水平升高的现象称为________，引起基因表达水平升高的信号分子被称为________。
4. 对环境信号应答时，基因表达水平降低的现象称为________，引起基因表达水平降低的信号分子被称为________。
5. 参与基因表达调控的基本要素是________和________。
6. 乳糖操纵子的I基因编码一种________，它与乳糖操纵子的________结合，使操纵子处于关闭状态。
7. 有葡萄糖存在时，cAMP浓度________，cAMP与________结合受阻，乳糖操纵子表达下降。
8. 真核基因启动子是________的结合位点；通常没有________存在，启动子不表现活性。
9. 基因文库含有组织或细胞的________信息，cDNA文库含有组织或细胞的________信息。
10. 重组DNA分子是由________和________拼接而成。

四、名词解释

1. 基因表达
2. 管家基因
3. 启动子
4. 操纵子
5. 增强子
6. 限制性核酸内切酶

五、简答题

1. 简述基因工程基本过程。

2. 为什么称真核基因表达的空间特异性为组织特异性?

六、论述题

1. 试述乳糖操纵子工作原理。
2. 试述真核生物 mRNA 如何进行转录激活调节。

参考答案

一、单项选择题

1. D	2. D	3. E	4. B	5. E	6. A	7. C	8. B
9. B	10. A	11. C	12. B	13. B	14. B	15. C	16. C

二、多项选择题

1. BCDE	2. ABC	3. AC	4. ABDE	5. BDE	6. ABCDE
7. BCDE	8. ABCD	9. ACE	10. AB	11. BD	12. ACE
13. BC	14. BCD	15. ABCD			

三、填空题

1. 环境　生长
2. 环境　生长、发育与分化
3. 诱导　诱导剂
4. 阻遏　阻遏剂
5. DNA 元件　调节蛋白
6. 阻遏蛋白　O 序列
7. 降低　CAP
8. RNA 聚合酶　增强子
9. 基因组　mRNA
10. 载体 DNA　目的 DNA

四、名词解释

1. 基因表达：在各种调节机制控制下，从基因激活开始，经历转录、翻译等过程产生具有生物学功能的蛋白质分子，从而赋予细胞一定的功能或表型，或使生物体获得一定的遗传性状。
2. 管家基因：对生物体整个生命过程中都是必需的或必不可少的，在生物体几乎所有细胞中都持续表达的一类基因。
3. 启动子：RNA 聚合酶结合位点及其周围的 DNA 序列，至少包括一个转录起始点及一个以上的机能组件。
4. 操纵子：原核基因按功能相关性成簇地串联、密集于染色体上，共同组成的一个转录单位。

5. 增强子：远离转录起始点、决定组织特异性表达、增强启动子转录活性的特异 DNA 序列，其发挥作用的方式与方向、距离无关。
6. 限制性核酸内切酶：识别特异 DNA 序列，并在识别位点或其周围切割双链 DNA 的一类核酸内切酶。

五、简答题

1. 一个完整的基因工程基本过程包括：目的基因的获取；基因载体的选择与构建；目的基因与载体的拼接；重组 DNA 分子导入受体细胞；筛选并无性繁殖含重组分子的受体细胞（转化子）及目的基因的表达。
2. 多细胞真核生物同一基因产物在不同的组织器官、或不同基因产物在同一组织器官含量多少是不一样的，即在发育、分化的特定时期内，基因表达产物依组织细胞的空间分布而表现差异，因此，真核基因表达的空间特异性又称组织特异性。

六、论述题

1. （1）结构：lac 操纵子含 Z、Y 及 A 3 个结构基因，分别编码 β-半乳糖苷酶，透酶和乙酰基转移酶，此外还有一个操纵序列 O，一个启动序列 P 及一个调节基因 I。I 基因编码一种阻遏蛋白，后者与 O 序列结合，操纵子被关闭。在启动序列上游还有一个分解代谢基因激活蛋白（CAP）结合位点。由操纵序列 O，一个启动序列 P 和 CAP 结合位点共同构成乳糖操纵子的调控区。

   （2）阻遏蛋白的负性调节：在没有乳糖存在时，乳糖操纵子处于阻遏状态。此时，I 基因表达阻遏蛋白，阻遏蛋白与操纵序列 O 结合，阻碍 RNA 聚合酶与 P 序列结合，抑制转录启动。当有乳糖存在时，乳糖转变为别乳糖，后者结合阻遏蛋白，使其构象发生变化，阻遏蛋白与操纵序列 O 解离。在 CAP 蛋白协作下发生转录。

   （3）CAP 的正性调节：分解代谢基因激活蛋白（CAP）分子内有 DNA 结合区及 cAMP 结合位点。当没有葡萄糖及 cAMP 浓度较高时，cAMP 与 CAP 结合，此时 CAP 结合在 CAP 结合位点，可使 RNA 转录活性提高；当有葡萄糖存在时，cAMP 浓度降低，cAMP 与 CAP 结合受阻，乳糖操纵子转录活性下降。
2. 真核生物 mRNA 转录通过顺式作用元件和转录因子的相互作用进行调节。

   （1）顺式作用元件：是特异转录因子的结合位点，包括启动子，增强子和沉默子。启动子位于转录起始点附近，通常含 TATA 盒，与基本转录因子结合，起始基因的转录。增强子一般远离转录起始点，可增强启动子的转录活性。沉默子则对启动子的转录活性起抑制作用。

   （2）转录因子：通过转录因子-顺式作用元件或转录因子-转录因子的相互作用调节转录活性。转录因子可分三类：① 基本转录因子，是 RNA 聚合酶Ⅱ结合启动子所必需的一组因子，为所有 mRNA 转录启动所共有；② 转录激活因子，与增强子结合，增强转录活性；③ 转录抑制因子，与沉默子结合，抑制转录活性。

   （3）mRNA 转录激活及其调节：真核 RNA 聚合酶Ⅱ不能直接结合启动子，而是先由 TFIID 识别 TATA 盒并与之结合，形成起始复合物，其他基本转录因子如 TFIIA、

TFIIB、TFIIF 等也参与该复合物的形成。RNA 聚合酶Ⅱ与起始复合物结合，形成一个功能性的前起始复合物，转录被启动。其他调节因子与顺式作用元件通过蛋白质-蛋白质或蛋白质- DNA 的相互作用调节基因的转录活性。

（北京大学医学部　倪菊华　李载权）

第十四章　肝的生物化学

重点解析

肝在组织结构及生物化学方面的特点决定了其在糖、脂、蛋白质、维生素、激素和非营养物质代谢方面具有“中枢性”作用。

肝通过肝糖原的合成和分解、糖异生作用可维持血糖浓度的相对恒定，通过活跃的磷酸戊糖途径提供充足的 NADPH。肝合成并分泌胆汁酸盐帮助脂类的消化和吸收，肝是脂肪酸合成、分解、改造和酮体生成的主要场所，也是脂蛋白代谢的中心和胆固醇代谢的重要器官。肝是体内蛋白质代谢的枢纽，是合成、分泌并清除血浆蛋白质的主要场所，还是氨基酸分解和转变的重要器官。肝参与维生素的吸收、贮存、运输和代谢以及激素的灭活。

非营养性物质在肝内进行的代谢变化，使其极性（水溶性）增加，易于随胆汁或尿液排出，此过程称为生物转化作用。生物转化的反应类型包括第一相的氧化、还原、水解和第二相的结合反应。生物转化具有解毒与致毒双重性的特点。生物转化中最重要的酶是加单氧酶系，结合反应中最常见的结合基团有葡萄糖醛酸（UDPGA 提供）、硫酸（PAPS 提供）、乙酰基（乙酰 CoA 提供）、甲基（SAM 提供）、甘氨酸和谷胱甘肽等。

胆汁酸盐是胆汁的重要成分，其主要作用是促进脂类的消化和吸收、抑制胆固醇结石的形成。初级胆汁酸由肝细胞以胆固醇为原料合成，游离型的初级胆汁酸包括胆酸和鹅脱氧胆酸，它们分别与甘氨酸或牛磺酸结合，可生成四种结合型初级胆汁酸。7α-羟化酶是胆汁酸合成的限速酶，受胆汁酸的负反馈调节。初级胆汁酸在肠道细菌酶作用下，进行 7 位脱羟基反应，分别生成脱氧胆酸和石胆酸，称次级胆汁酸。脱氧胆酸在肝内可再与甘氨酸或牛磺酸结合，生成结合型次级胆汁酸。除石胆酸外，95%的胆汁酸可进行“肠肝循环”，以提高其利用率。

胆色素是铁卟啉化合物在体内的主要分解代谢产物，包括胆红素、胆绿素、胆素原和胆素。衰老红细胞中血红蛋白的分解是胆红素的主要来源。血红素在单核吞噬细胞系统血红素加氧酶催化下生成胆绿素，并进一步还原成胆红素。胆红素在血中与清蛋白结合运输，称游离胆红素、血胆红素或间接胆红素。被肝细胞摄取后与 Y 或 Z 蛋白结合运至内质网，与葡萄糖醛酸结合成水溶性强的结合胆红素，又称肝胆红素、直接胆红素。后者随胆汁排入肠道，在肠菌酶作用下还原为胆素原。10%～20%的胆素原可进行“肠肝循环”，大部分又被排入肠道，小部分进入体循环的胆素原可经肾由尿排出。在体外，胆素原被氧化成黄色的胆素成为粪和尿颜色的来源。血浆胆红素浓度升高可引起黄疸。按病因不同，可将黄疸分为溶血性黄疸、阻塞性黄疸和肝细胞性黄疸。各类黄疸有其独特的生化检查指标。

测　试　题

一、单项选择题

［在备选答案中只有一个是正确的］

1. 下列哪一项不是肝在组织结构和化学组成上的特点
   A. 双重血液供应
   B. 有丰富的血窦，利于物质交换
   C. 有一条输出通路即胆道，与肠道相通
   D. 蛋白质代谢极为活跃，更新速度快
   E. 是多种反应进行的场所
2. 短期饥饿时，血糖浓度的维持主要靠
   A. 肝糖原分解
   B. 肌糖原分解
   C. 肝糖原合成
   D. 糖异生作用
   E. 组织中的葡萄糖利用降低
3. 不属于肝的生理功能的是
   A. 贮存糖原和维生素
   B. 合成血浆清蛋白
   C. 进行生物转化
   D. 合成尿素
   E. 储存脂肪
4. 肝在脂类代谢中特有的作用是
   A. 合成磷脂
   B. 合成胆固醇
   C. 生成酮体
   D. 将糖转变为脂肪
   E. 参与脂肪的分解代谢
5. 肝合成量最多的血浆蛋白质是
   A. 脂蛋白
   B. 球蛋白
   C. 清蛋白
   D. 凝血酶原
   E. 纤维蛋白原
6. 下列哪种物质只在肝中合成
   A. 脂肪
   B. 尿素
   C. ATP
   D. 糖原
   E. 蛋白质
7. 下列哪种维生素缺乏不导致丙酮酸堆积
   A. 维生素 B_1
   B. 维生素 B_2
   C. 维生素 B_6
   D. 维生素 PP
   E. 泛酸
8. 血氨升高的主要原因是
   A. 体内合成非必需氨基酸过多
   B. 急性、慢性肾功能衰竭
   C. 组织蛋白质分解过多
   D. 肝功能障碍
   E. 便秘使肠道内产氨与吸收氨过多
9. 人体合成胆固醇量最多的器官是
   A. 脾
   B. 肝
   C. 肾
   D. 心
   E. 肾上腺
10. 关于血浆胆固醇酯含量下降的论述正确的是
    A. 胆固醇分解增多
    B. 胆固醇转变成胆汁酸增多
    C. 转变成脂蛋白增多
    D. 胆固醇由胆道排出增多
    E. 肝细胞合成 LCAT 减少
11. 肝中不储存的维生素是
    A. 维生素 D
    B. 维生素 K
    C. 维生素 B_{12}

D. 维生素 A 与 K

E. 维生素 A

12. 严重肝疾患的男性患者出现乳房发育、蜘蛛痣的主要原因是

A. 雌激素分泌过多

B. 雌激素分泌过少

C. 雌激素灭活不好

D. 雄激素分泌过多

E. 雄激素分泌过少

13. 下列哪一项不是非营养物质的来源

A. 体内合成的非必需氨基酸

B. 肠道细菌腐败产物被重吸收

C. 外界的药物、毒物

D. 体内代谢产生的氨、胺等

E. 食品添加剂如色素等

14. 下列关于生物转化的描述错误的是

A. 生物转化的是一种解毒作用

B. 物质经生物转化不一定增加其水溶性

C. 肝是人体内进行生物转化最重要的器官

D. 有些物质经氧化、还原和水解等反应即可排出体外

E. 有些物质必须与极性更强的物质结合后才能排出体外

15. 不属于生物转化的反应是

A. 氧化反应

B. 还原反应

C. 水解反应

D. 核化反应

E. 结合反应

16. 关于加单氧酶系的叙述错误的是

A. 此酶系存在于微粒体中

B. 它通过羟化反应参与生物转化作用

C. 过氧化氢（H_2O_2）是其产物之一

D. 细胞色素 P_{450} 是此酶系的组分

E. 与体内很多活性物质的合成、灭活及外源性药物代谢有关

17. 关于生物转化作用，下列哪项是不正确的

A. 具有反应多样性的特点

B. 常受年龄、性别和诱导物等因素影响

C. 有解毒和致毒的双重性

D. 使非营养性物质极性降低，利于排泄

E. 结合反应是体内最重要的生物转化方式

18. 肝脏生物转化作用第一相反应中最重要的酶是微粒体中的

A. 加单氧酶

B. 加双氧酶

C. 胺氧化酶

D. 水解酶

E. 还原酶

19. 下列哪种物质不是生物转化中结合物的供体

A. UDPGA

B. PAPS

C. SAM

D. 乙酰 COA

E. UDPG

20. 生物转化第一相反应中最主要的是

A. 氧化反应

B. 还原反应

C. 水解反应

D. 脱羧反应

E. 结合反应

21. 一般来讲，非营养物质经生物转化后

A. 水溶性增强

B. 水溶性降低

C. 脂溶性增强

D. 毒性增强

E. 可以彻底氧化分解

22. 以下哪种代谢过程主要在肝内进行

A. 糖原合成

B. 脂蛋白合成

C. 生物转化作用

D. 血浆球蛋白合成
E. 所有凝血因子的合成

23. 胆汁酸对自身合成的调控是
A. 激活 3α-羟化酶
B. 抑制 3α-羟化酶
C. 激活 7α-羟化酶
D. 抑制 7α-羟化酶
E. 激活 12α-羟化酶

24. 下列哪种物质不是初级胆汁酸
A. 胆酸
B. 脱氧胆酸
C. 鹅脱氧胆酸
D. 牛磺胆酸
E. 甘氨胆酸

25. 属次级游离胆汁酸的是
A. 胆酸
B. 甘氨胆酸
C. 牛磺鹅脱氧胆酸
D. 鹅脱氧胆酸
E. 脱氧胆酸

26. 关于胆汁酸盐的叙述，错误的是
A. 在肝中由胆固醇转变而来
B. 是食物脂肪的乳化剂
C. 能抑制胆固醇结石的形成
D. 是血红素代谢的产物
E. 可经过肠肝循环被重吸收

27. 参与次级胆汁酸合成的氨基酸是
A. 鸟氨酸
B. 精氨酸
C. 甘氨酸
D. 蛋氨酸
E. 瓜氨酸

28. 血中哪一种胆红素增加可能出现在尿中
A. 结合胆红素
B. 未结合胆红素
C. 血胆红素
D. 间接胆红素
E. 胆红素-Y蛋白

29. 下列有关胆红素的说法错误的是
A. 它具有疏水亲脂的特性
B. 在血中主要以清蛋白-胆红素复合体形式运输
C. 在肝细胞内主要与葡萄糖醛酸结合
D. 单葡萄糖醛酸胆红素是主要的结合产物
E. 游离胆红素是很好的抗氧化剂

30. 血中胆红素的主要运输方式是
A. 胆红素-清蛋白
B. 胆红素-Y蛋白
C. 胆红素-Z蛋白
D. 胆红素-球蛋白
E. 胆红素-脂蛋白

31. 以下不能从尿中排出的是
A. 尿胆素原
B. 粪胆素原
C. 直接胆红素
D. 未结合胆红素
E. 结合胆红素

32. 正常情况下，人粪便的主要色素是
A. 血红素
B. 胆绿素
C. 胆红素
D. 胆素原
E. 胆素

33. 胆红素在小肠中被肠菌酶还原为
A. 血红素
B. 胆绿素
C. 尿胆素
D. 粪胆素
E. 胆素原

34. 正常人粪便中的主要色素是
A. 血红素
B. 胆素原
C. 胆红素
D. 粪胆素
E. 胆绿素

35. 下列不属于第一相反应的酶有
A. 加单氧酶系

B. 胺氧化酶系

C. 脱氢酶系

D. 硝基还原酶

E. 转移酶

二、多项选择题

[在备选答案中有两个或两个以上是正确的，错选或者未选全的均不给分]

1. 不属于肝特异合成的物质是

A. 酮体

B. 糖原

C. 尿素

D. 脂肪酸

E. 血浆蛋白质

2. 肝功能严重受损时可出现

A. 血氨升高

B. 血中尿素增加

C. 有出血倾向

D. 血中性激素水平增加

E. 25-(OH)-D_3减少

3. 肝维持血糖浓度相对恒定通过

A. 使脂肪酸转变为葡萄糖

B. 肝糖原合成

C. 磷酸戊糖途径

D. 肝糖原分解

E. 糖异生作用

4. 肝在脂代谢中的主要作用是

A. 合成酮体

B. 合成 LCAT

C. 生成胆汁酸

D. 氧化酮体

E. 合成 LDL

5. 激素可在肝内

A. 生成

B. 转化

C. 贮存

D. 灭活

E. 彻底氧化

6. 关于肝在维生素代谢中作用的叙述正确的是

A. 分解维生素

B. 储存某些脂溶性维生素

C. 参与某些维生素的转化

D. 将某些维生素转变成辅酶

E. 分泌的胆汁酸可促进脂溶性维生素吸收

7. 下列哪些物质存在于肠肝循环

A. 鸟氨酸

B. 胆汁酸

C. 三羧酸

D. 胆素原

E. S-腺苷蛋氨酸(SAM)

8. 严重肝功能障碍时，血液化验指标可能出现

A. 凝血酶原、纤维蛋白原下降

B. 胆固醇/胆固醇酯下降

C. 胆固醇/胆固醇酯上升

D. A/G 下降

E. A/G 上升

9. 关于肝的生物转化作用的正确描述是

A. 生物转化是解毒作用

B. 使脂溶性物质转化成极性亲水性物质

C. 对外源性药物、毒物进行转化，使其易于排出体外

D. 氧化、还原、水解、结合是生物转化的基本反应

E. 受年龄、性别、疾病等因素影响

10. 胆红素在血中与清蛋白结合运输的意义是

A. 增加胆红素的溶解度，便于运输

B. 防止胆红素进入细胞，引起中毒

C. 促进胆红素进入细胞进行代谢

D. 促进胆红素随胆汁排出体外

E. 促进胆红素随尿排出体外

11. 生物转化的第一相反应包括

A. 加成反应

B. 还原反应
C. 氧化反应
D. 结合反应
E. 水解反应

12. 参加肝生物转化结合反应的活性供体有
A. 乙酰 COA
B. SAM
C. 丙氨酸
D. UDPGA
E. 6-磷酸葡萄糖

13. 生物转化中参与第一相反应的酶是
A. 加单氧酶
B. 葡萄糖醛酸基转移酶
C. 硫酸转移酶
D. 醇脱氢酶
E. 转甲基酶

14. 以下不属于苯巴比妥类药物降低血清未结合胆红素机理的是
A. 使肝血流量增加
B. 苯巴比妥类药物可与未结合胆红素结合
C. 诱导肝细胞合成葡萄糖醛酸转移酶
D. 降低血浆清蛋白
E. 增加血浆清蛋白

15. 肝可使乳酸最终转变成下列哪些物质
A. 转变成肝糖原
B. 转变成肌糖原
C. 转变成甘油三酯
D. 转变成丙氨酸
E. 转变成苯丙氨酸

16. 关于胆汁酸盐的叙述正确的是
A. 它在肝由胆固醇转变而来
B. 它是胆色素的衍生物
C. 它是乳化剂
D. 它可以经肠肝循环被重吸收
E. 它可抑制胆固醇结石的形成

17. 胆汁酸盐浓度对下列哪些酶有抑制作用
A. 3α-羟化酶
B. 7α-羟化酶
C. HMG-CoA 合成酶
D. HMG-CoA 裂解酶
E. HMG-CoA 还原酶

18. 以下各项，都属于初级胆汁酸的是
A. 牛磺胆酸，甘氨鹅脱氧胆酸
B. 甘氨胆酸，鹅脱氧胆酸
C. 胆酸，牛磺鹅脱氧胆酸
D. 脱氧胆酸，石胆酸
E. 胆酸，脱氧胆酸

19. 属于次级胆汁酸的是
A. 石胆酸
B. 脱氧胆酸
C. 鹅脱氧胆酸
D. 甘氨胆酸
E. 甘氨鹅脱氧胆酸

20. 体内参与结合胆汁酸形成的主要化合物包括
A. 硫酸
B. 蛋氨酸
C. 牛磺酸
D. 甘氨酸
E. 葡萄糖醛酸

21. 下列哪些物质不属于胆色素
A. 细胞色素
B. 胆红素
C. 血红素
D. 胆绿素
E. 胆素原

22. 胆红素的来源可以是
A. 胆固醇
B. 肌红蛋白
C. 细胞色素
D. 血红蛋白
E. 过氧化氢

23. 有关胆色素的叙述，正确的是
A. 胆色素都有颜色
B. 是胆固醇的代谢产物
C. 胆绿素经还原变成胆红素
D. 胆红素与胆色素含义相同

E. 是铁卟啉化合物的代谢产物

24. 未结合胆红素又称为

A. 游离胆红素

B. 血胆红素

C. 间接胆红素

D. 肝胆红素

E. 直接胆红素

25. 下列哪些是肝细胞性黄疸的特点

A. 由血型不匹配输血造成的

B. 多由病毒性肝炎造成

C. 血液总胆红素升高，以间接胆红素升高为主

D. 尿中出现胆红素

E. 粪便为白陶土色

三、填空题

1. 肝具有________和________双重血液供应，并有________和________两条输出通路。
2. 肝通过________、________与________调节血糖水平以保持血糖浓度恒定，保证脑细胞的________供应。
3. 血浆清蛋白只能在________合成。
4. 肝通过________循环合成________来降低血氨。
5. 肝在维生素的________、________和________等方面都有重要作用。
6. 肝是维生素贮存的主要场所，如维生素________、维生素________、维生素________和维生素________主要贮存在肝；肝也是维生素转化的场所，如________可在肝转变为维生素 A，维生素 D_3 在肝脏转化为________。
7. 对于非营养物质的毒性，肝的生物转化作用同时具有________与________的双重性。
8. 生物转化作用分为两相反应，第一相反应包括________、________和________，第二相反应为________。
9. 生物转化第二相反应常见的结合物活性供体有________、________、________和________等。
10. 初级胆汁酸是在________内由________转变而来的胆汁酸。游离型初级胆汁酸包括________和________，两者均可与________或________结合生成结合型初级胆汁酸。
11. 次级胆汁酸是在________作用下，由________转变而来的胆汁酸。游离型次级胆汁酸包括________和________；结合型次级胆汁酸包括________和________。
12. 胆汁酸通过________循环，可反复使用。
13. 胆色素包括以下四种________、________、________和________。
14. 体内含铁卟啉的化合物主要是________，此外还有________、________、________和________。
15. 胆汁酸的生理功能主要是作为脂肪的________，可促进脂类的消化吸收；抑制________结石的形成；对________代谢具有调控作用。
16. 衰老红细胞中的________分解为珠蛋白和________，后者在酶催化下生成________，并进一步被还原成________，它是________溶性物质，易透过血脑屏障，造成核黄疸。
17. 胆红素在血、肝、肠中的产物分别为________胆红素、________胆红素和________。
18. 溶血性黄疸患者血中以________胆红素升高为主，与重氮试剂反应呈________阳性，尿中________胆红素，尿胆素________。
19. 肝是激素________的重要器官。

20. 游离胆红素在血中与________蛋白结合，在肝细胞内与________蛋白结合。

四、名词解释

1. 生物转化
2. 初级胆汁酸
3. 加单氧酶系
4. 胆汁酸的肠肝循环
5. 结合胆红素
6. 黄疸

五、简答题

1. 简述肝脏在糖、脂类、蛋白质、维生素和激素代谢中的作用。
2. 简述胆汁酸的生理功能。
3. 根据血、尿标本化验结果如何区别三种黄疸？

六、论述题

1. 试述生物转化作用的概念、反应类型和影响因素。
2. 简述胆色素的正常代谢过程，并讨论三种类型黄疸鉴别的生化原理。
3. 说明严重肝病患者可能出现以下表现的生化原因。
   (1) 水肿 (2) 黄疸 (3) 肝性昏迷 (4) 出血倾向

参考答案

一、单项选择题

1. C	2. A	3. E	4. C	5. C	6. B	7. C	8. D
9. B	10. E	11. A	12. C	13. A	14. A	15. D	16. C
17. D	18. A	19. E	20. A	21. A	22. C	23. D	24. B
25. E	26. D	27. C	28. A	29. D	30. A	31. D	32. E
33. E	34. D	35. E					

二、多项选择题

1. BDE	2. ACDE	3. BDE	4. ABC	5. BD	6. BCDE
7. BD	8. ACD	9. BCDE	10. AB	11. BCE	12. ABD
13. AD	14. ABDE	15. ACD	16. ACDE	17. BE	18. ABC
19. AB	20. CD	21. AC	22. BCD	23. CE	24. ABC
25. BD					

三、填空题

1. 肝动脉　门静脉　肝静脉　胆道
2. 肝糖原合成　肝糖原分解　糖异生　能量
3. 肝

4. 鸟氨酸　尿素
5. 吸收　贮存　代谢或转化
6. A　E　K　B_{12}　β-胡萝卜素　25 - OH - D_3
7. 解毒　致毒
8. 氧化　还原　水解　结合
9. UDPGA　　PAPS　SAM GSH（或乙酰 CoA、甘氨酸）
10. 肝　胆固醇　胆酸　鹅脱氧胆酸　甘氨酸　牛磺酸
11. 肠道细菌　初级胆汁酸　脱氧胆酸　石胆酸　甘氨脱氧胆酸　牛磺脱氧胆酸
12. 肠肝
13. 胆绿素　胆红素　胆素原　胆素
14. 血红蛋白　肌红蛋白　过氧化氢酶　过氧化物酶　细胞色素
15. 乳化剂　胆固醇　胆固醇
16. 血红蛋白　血红素　胆绿素　胆红素　脂
17. 血　肝　胆素原
18. 未结合　间接　无　增加
19. 灭活
20. 清　Y 和 Z

四、名词解释

1. 非营养物质在体内经过氧化、还原、水解和结合等代谢变化，使其极性（水溶性）增加，易于随胆汁或尿液排出体外，这一过程称为生物转化。肝是生物转化的主要器官。
2. 在肝细胞内以胆固醇为原料合成的胆汁酸称初级胆汁酸。游离型初级胆汁酸包括胆酸和鹅脱氧胆酸；结合型初级胆汁酸有 4 种，分别是甘氨胆酸、牛磺胆酸、甘氨鹅脱氧胆酸和牛磺鹅脱氧胆酸。
3. 又称羟化酶或混合功能氧化酶。它存在于微粒体中，催化如下反应：
   $NADPH + H^+ + O_2 + RH \rightarrow NADP^+ + H_2O + ROH$
   加单氧酶系与体内很多重要活性物质的合成、灭活以及外源性药物、毒物代谢有密切关系。
4. 肝合成的初级胆汁酸随胆汁进入肠道后转变为次级胆汁酸。肠道中 95%的胆汁酸可经门静脉被重吸收入肝，并同新合成的胆汁酸一起再次被排入肠道，此循环过程称为胆汁酸的肠肝循环。它使少量的胆汁酸最大限度地发挥其生理作用，具有重要的生理意义。
5. 胆红素在肝中与葡萄糖醛酸结合后的产物称为结合胆红素，又称为肝胆红素或直接胆红素。结合胆红素水溶性增加，可随胆汁排泄。
6. 当体内胆红素生成过多，或肝摄取、结合、排泄障碍时，可引起血浆胆红素浓度升高，大量金黄色的胆红素扩散进入组织，造成皮肤、黏膜和巩膜黄染称为黄疸。

五、简答题

1. (1) 在糖代谢中，肝是通过肝糖原的合成、分解和糖异生作用来维持血糖浓度的恒定，确保全身各组织的能量供应。

(2) 肝在脂类的消化、吸收、分解、合成及运输等过程中均起重要作用。例如肝脏合成的胆汁酸盐是乳化剂；酮体、脂蛋白中的 VLDL 和 HDL、催化胆固醇酯生成的酶 LCAT 只能在肝脏内生成。

(3) 肝能合成多种血浆蛋白质，如清蛋白、凝血酶原、纤维蛋白原等；通过鸟氨酸循环，氨基酸分解生成尿素的过程也只能在肝中进行。

(4) 肝在维生素的吸收、贮存和转化等方面均有重要作用。例如脂溶性维生素是随着脂肪的吸收而吸收的；肝是维生素 A、E、K 和 B_{12} 的主要贮存场所等。

(5) 肝参与激素的灭活，如对雌激素的灭活不好可导致肝掌或蜘蛛痣。

2. (1) 胆汁酸主要的功能是促进脂类的消化和吸收。

(2) 胆汁酸可抑制胆汁中胆固醇的析出。

(3) 通过抑制 7α-羟化酶和 HMG-CoA 还原酶的活性，负反馈调节胆汁酸和胆固醇的生物合成等。

3. 血、尿检查可作为鉴别三种黄疸的依据，详见主教材表 14-4。

六、论述题

1. (1) 非营养物质在体内经过氧化、还原、水解和结合等代谢变化，使其极性（水溶性）增加，易于随胆汁或尿液排出体外，这一过程称为生物转化。肝是生物转化的主要器官。

(2) 生物转化的主要反应类型分为第一相反应和第二相反应，第一相反应包括氧化、还原和水解反应，第二相反应为结合反应。

(3) 生物转化作用受年龄、性别及疾病等因素影响，亦受到药物或毒物的诱导。

2. (1) 衰老的红细胞被单核-吞噬细胞系统破坏后释出血红素在血红素加氧酶催化下，生成胆绿素，再在胆绿素还原酶催化下转变成脂溶性的胆红素。

(2) 胆红素进入血液后，与清蛋白结合为血胆红素而运输。

(3) 血胆红素被肝细胞摄取后，与 Y 蛋白或 Z 蛋白结合，运送到内质网，在葡萄糖醛酸转移酶催化下生成肝胆红素。

(4) 肝胆红素随胆汁进入肠道，在肠菌酶作用下生成无色的胆素原，大部分胆素原随粪便排出，被空气氧化成黄色的粪胆素；小部分经门静脉被肝重吸收，又再分泌入肠道，进行胆素原的肠肝循环。

(5) 重吸收的胆素原小部分进入体循环，经肾由尿排出，尿胆素原被空气氧化成黄色的尿胆素。

(6) 通过病因、血、尿、便检查，可鉴别三种黄疸，详见主教材表 14-4。

3. (1) 其一，清蛋白是维持血浆胶体渗透压最主要的蛋白质，只在肝内合成，肝病患者清蛋白合成减少，血浆胶体渗透压降低，是水肿的主要原因；其二，慢性肝细胞坏死，纤维组织增生等可造成门脉高压、肝硬化、静脉血回流受阻，可加重水肿；其三，肝功能障碍，激素灭活作用减弱，血中醛固酮和抗利尿激素水平升高，使 Na^+、Cl^-、H_2O 的重吸收增加、尿量减少，患者出现水肿或腹水。

(2) 严重肝病患者肝细胞坏死，对胆红素摄取、结合、排泄障碍；由于纤维增生，肝组织结构发生改变，毛细胆管阻塞，压力过高导致破裂，直接胆红素逆流回血，造成血液总胆红素升高，出现黄疸。重氮试剂反应呈双向阳性，尿中出现胆红素。

(3) 由于肝功能严重受损，鸟氨酸循环障碍导致血氨过高。氨本身有毒，它与 α-酮戊二酸结合为谷氨酸时，消耗了大量 α-酮戊二酸，影响脑中三羧酸循环的进行，产能减少，使脑供能不足而出现肝性昏迷。（此为“氨中毒学说”和“能量代谢障碍”学说，“假性神经递质学说”不作要求）。

(4) 肝功能障碍可导致胆汁酸盐分泌减少，影响维生素 K 的吸收；维生素 K 吸收减少和肝细胞的坏死，使肝中合成的凝血因子Ⅱ、Ⅶ、Ⅸ、Ⅹ减少，导致出血倾向。

（首都医科大学　徐世明　王宏娟）

第十五章　血液生化

重点解析

血液由血浆和有形成分红细胞、白细胞、血小板等组成。正常人体血液约占体重的8%。加入抗凝剂的血液经离心后所得的上清液为血浆。血液凝固后析出的淡黄色透明液体称为血清。血清与血浆的主要区别是血清中不含纤维蛋白原。血浆中的固体成分包括蛋白质、非蛋白质含氮物、其他有机物、无机盐等。血中非蛋白含氮物质主要包括尿素、肌酸、肌酐、胆红素、氨等。所含的氮统称为非蛋白氮（NPN），其中尿素氮（BUN）占1/3～1/2。

一、血浆蛋白质

血浆蛋白质是血浆中含量最多的固体成分，目前已知有200多种，总浓度大约为60～80g/L。用盐析法可将血浆蛋白质分成清蛋白、球蛋白及纤维蛋白原。清蛋白与球蛋白浓度的比值（A/G）为1.5～2.5。用醋酸纤维素薄膜电泳可将血清蛋白质分成清蛋白、α_1-球蛋白、α_2-球蛋白、β-球蛋白和γ-球蛋白五条区带。

血浆蛋白质的主要功能有：① 维持血浆胶体渗透压，由于清蛋白的分子量小，摩尔浓度高，且在生理pH条件下电负性高，能使水分子聚集在其分子表面，所以清蛋白能最有效地维持血浆胶体渗透压。② 维持血浆的正常pH值。③ 运输多种物质。④ 免疫作用。⑤ 催化作用，血浆中的酶类可分为血浆功能酶、外分泌酶和细胞酶三类。⑥ 营养作用。⑦ 凝血、抗凝血和纤溶作用。

二、红细胞代谢特点

成熟红细胞除质膜和胞浆外，无其他细胞器，所以有其代谢特点：① 成熟红细胞获得能量的唯一途径是糖酵解，产生的能量主要用于维持细胞内外的离子平衡和正常的细胞形态。红细胞的糖酵解还存在2，3-二磷酸甘油酸［2，3-B（D）PG］旁路，产生的2，3-二磷酸甘油酸可降低血红蛋白与氧的亲和力。② 红细胞中有少量葡萄糖可通过磷酸戊糖途径代谢。生成的NADPH用于维持细胞内还原型谷胱甘肽的含量，还原高铁血红蛋白，保护细胞膜等。③ 成熟红细胞不能从头合成脂肪酸、核酸及蛋白质，也不能进行有氧氧化。

三、血红蛋白（Hb）

血红蛋白的辅基是血红素，其合成原料为甘氨酸、琥珀酰CoA和Fe^{2+}。血红素生物合成的限速酶是ALA合酶，其辅酶是磷酸吡哆醛。血红素可反馈抑制该酶活性，而促红细胞生成素、某些类固醇激素（如雄激素和雌二醇）和一些杀虫剂、致癌物等却可以诱导此酶的合成。

血红蛋白的功能是运输O_2和CO_2。Hb与O_2的结合是可逆的，由于血红蛋白的变构效应，因而其解离曲线呈S型，这对保证组织的氧供应具有重要意义。pH、PCO_2及2，3-二磷酸甘油酸等因素可影响血红蛋白的氧合功能。

白细胞可进行糖酵解和磷酸戊糖途径，能产生大量 NADPH。在代谢中还可生成超氧阴离子、H_2O_2，主要用于杀灭细菌。

测 试 题

一、单项选择题

[在备选答案中只有一个是正确的]

1. 正常血浆总蛋白质的含量为
   A. 60～80g/L
   B. 40～50g/L
   C. 20～30g/L
   D. 25～35g/L
   E. 80～100g/L
2. 正常人血浆白蛋白/球蛋白的比值是
   A. 0.8～1.0
   B. 1.5～2.5
   C. 1.8～2.0
   D. 1.2～1.6
   E. 1.3～1.4
3. 下列关于血浆蛋白质的叙述哪一项是错误的
   A. 血浆蛋白质在生理 pH 条件下大多带负电荷
   B. 血浆蛋白质主要由肝合成
   C. 白蛋白可结合运输胆红素
   D. 白蛋白是维持血浆胶体渗透压的主要成分
   E. 白蛋白属于免疫球蛋白类
4. 在 pH8.6 缓冲液中进行血清蛋白醋酸纤维素薄膜电泳，泳动最快的成分是
   A. α_1-球蛋白
   B. α_2-球蛋白
   C. β-球蛋白
   D. γ-球蛋白
   E. 清蛋白
5. 血清与血浆的主要区别是
   A. 血清中不含钙离子
   B. 血清中不含 γ-球蛋白
   C. 血清中不含纤维蛋白原
   D. 血清中不含任何凝血因子
   E. 血清中不含有形成分
6. 维持血浆胶体渗透压的主要因素是
   A. 无机离子含量
   B. 葡萄糖浓度
   C. 脂类含量
   D. 清蛋白浓度
   E. 球蛋白浓度
7. 血浆中胆红素主要与下列哪种蛋白质结合运输
   A. 补体
   B. α-球蛋白
   C. 清蛋白
   D. β-球蛋白
   E. γ-球蛋白
8. 免疫球蛋白主要分布在下列哪个电泳区带中
   A. 清蛋白
   B. α_1-球蛋
   C. α_2-球蛋白
   D. β-球蛋白
   E. γ-球蛋白
9. 补体的化学本质是
   A. 无机离子
   B. 蛋白质
   C. 磷脂
   D. 糖类
   E. 核酸

10. 血浆非蛋白质含氮化合物中含量最多的是
A. 胆红素
B. 尿素
C. 尿酸
D. 肌酸
E. 肌酸酐
11. 成熟红细胞中没有下列哪种代谢过程
A. 糖酵解
B. 磷酸戊糖途径
C. 2，3-二磷酸甘油酸旁路
D. 血红素合成全过程
E. 谷胱甘肽还原
12. 下列哪种属于血浆功能酶
A. 胰淀粉酶
B. 胰蛋白酶
C. 丙氨酸氨基转移酶
D. 天冬氨酸氨基转移酶
E. 卵磷脂胆固醇脂酰基转移酶
13. 硫酸铵盐浓度必须达到饱和时才能析出的血浆蛋白质是
A. 清蛋白
B. α_1-球蛋白
C. α_2-球蛋白
D. β-球蛋白
E. γ-球蛋白
14. 红细胞中谷胱甘肽还原反应的供氢体是
A. NADH
B. NADPH
C. $FADH_2$
D. $FMNH_2$
E. $CoQH_2$
15. 血红素生物合成的限速酶是
A. ALA 合酶
B. ALA 脱水酶
C. 胆色素原脱氨酶
D. 尿卟啉原Ⅲ脱羧酶
E. 亚铁螯合酶
16. 可降低血红蛋白与氧亲和力的物质是
A. 1，6-二磷酸果糖
B. 1，3-二磷酸甘油酸
C. 2，3-二磷酸甘油酸
D. 葡萄糖醛酸
E. 以上都不是
17. ALA 合酶的作用需要下列哪种维生素参与
A. Vit B_1
B. Vit B_2
C. Vit B_6
D. Vit B_{12}
E. Vit PP
18. 下列哪种氨基酸是血红素合成的原料之一
A. 丙氨酸
B. 苯丙氨酸
C. 酪氨酸
D. 甘氨酸
E. 甲硫氨酸

二、多项选择题

[在备选答案中有两个或两个以上是正确的，错选或未选全的均不给分]

1. 血浆蛋白的功能有
A. 维持血浆胶体渗透压
B. 维持血浆 pH 值
C. 运输作用
D. 免疫功能
E. 营养作用
2. 下列哪些属于外分泌酶
A. 丙氨酸氨基转移酶
B. 天冬氨酸氨基转移酶
C. 胰蛋白酶
D. 胰淀粉酶
E. 卵磷脂胆固醇脂酰基转移酶
3. 成熟红细胞具有下列哪些代谢特点
A. 糖酵解是它的唯一供能途径

B. 合成血红素
C. 合成血红蛋白
D. 存在2，3-二磷酸甘油酸旁路
E. 从头合成脂肪酸

4. 影响血红素生物合成的因素有
A. 肾素
B. 血红素
C. 胆红素
D. Fe^{2+}
E. 铅

5. 关于红细胞中2，3-DPG的功能下列哪些描述是正确的
A. 调节Hb运氧
B. 稳定Hb构象
C. 降低Hb与氧的亲和力
D. 增加Hb与氧的亲和力
E. 合成血红素

6. 下列哪些血浆蛋白在免疫过程中有重要作用
A. 铜蓝蛋白
B. 转铁蛋白
C. 抗体
D. 凝血酶原
E. 补体

7. 下列关于血红蛋白的描述哪些是正确的
A. 血红蛋白的辅基是一种铁卟啉化合物
B. 血红蛋白在各期红细胞中均可合成
C. 血红蛋白A由2个α亚基和2个β亚基组成
D. 血红蛋白氧解离曲线呈S型
E. 血红蛋白与O_2的结合是可逆的

8. 下列哪些是血浆功能酶
A. 凝血酶原
B. 脂蛋白脂肪酶
C. 肾素
D. 丙氨酸氨基转移酶
E. 胰脂肪酶

9. 下列哪些物质是合成血红素的原料
A. 甘氨酸
B. 丙氨酸
C. 琥珀酰辅酶A
D. 乙酰辅酶A
E. Fe^{2+}

10. 能使高铁血红蛋白还原的物质有
A. NADPH
B. NADH
C. DPG
D. VitC
E. GSH

11. 铅中毒时，下列哪些酶的活性明显降低
A. ALA合酶
B. ALA脱水酶
C. 亚铁螯合酶
D. 胆色素原脱氨酶
E. 原卟啉原Ⅸ氧化酶

三、填空题

1. 血液凝固后析出的淡黄色透明液体称为________；血浆与血清相比，血清中无________。
2. 分离血浆蛋白质常用的方法有________和________。
3. 大多数血浆蛋白质在________中合成的，而γ-球蛋白则是在________中合成的。
4. 成熟红细胞获得能量的唯一途径是________，此途径还存在________旁路。
5. 血红蛋白由________和________组成。
6. 血红素合成的开始与终末阶段在________中进行，中间在________进行。
7. 血清蛋白质醋酸纤维素薄膜电泳中，泳动速度最快的成分是________，最慢的成分是________。
8. 正常人血液中清蛋白与球蛋白的浓度比值（A/G）为________，当肝功能不良时，A/G

可发生________。

9. 血浆中的酶类根据其来源和功能可分为三类，除血浆功能酶外还有________和________。

10. 血红素合成的限速酶是________，其辅酶是________。

11. 血液中的非蛋白质含氮物包括________，________，________，________等。

四、名词解释

1. 血清
2. NPN
3. 2，3－DPG 支路
4. 血浆功能酶

五、简答题

1. 成熟红细胞代谢的特点是什么？
2. 影响血红素合成的因素有哪些？

六、论述题

1. 试述血浆蛋白的分类和功能。
2. 试述蚕豆病的发病机理。

参考答案

一、单项选择题

1. A　2. B　3. E　4. E　5. C　6. D　7. C　8. E
9. B　10. B　11. D　12. E　13. A　14. B　15. A　16. C
17. C　18. D

二、多项选择题

1. ABCDE　2. CD　3. AD　4. ABDE　5. ABC　6. CE
7. ACDE　8. ABC　9. ACE　10. ABDE　11. BC

三、填空题

1. 血清　纤维蛋白原
2. 电泳法　盐析法或超速离心
3. 肝　浆细胞
4. 糖酵解　2，3－DPG
5. 珠蛋白　血红素
6. 线粒体　胞液
7. 清蛋白　γ-球蛋白
8. 1.5～2.5　减少甚至倒置
9. 外分泌酶　细胞酶
10. ALA 合酶　磷酸吡哆醛

11. 尿素　尿酸　肌酸　胆红素

四、名词解释

1. 血液凝固后析出的淡黄色透明液体称做血清。
2. 即非蛋白氮，指血液中非蛋白含氮物质中所含的氮。
3. 红细胞糖酵解途径中，由 1，3 - DPG 经 2，3 - DPG 生成 3 -磷酸甘油酸的侧支途径。
4. 指在血浆中发挥催化功能的酶，主要由肝合成后释放入血。

五、简答题

1. 成熟红细胞除质膜和胞浆外，无其他细胞器，所以有其代谢特点：
   (1) 成熟红细胞获得能量的唯一途径是糖酵解。产生的能量主要用于维持细胞内外的离子平衡和正常的细胞形态。
   (2) 红细胞的糖酵解途径还存在 2，3 -二磷酸甘油酸［2，3 - B（D）PG］ 旁路，产生的 2，3 -二磷酸甘油酸可降低血红蛋白与氧的亲和力。
   (3) 红细胞中有少量葡萄糖可通过磷酸戊糖途径代谢。产生的 NADPH 可用于维持细胞内还原型谷胱甘肽的含量，还原高铁血红蛋白，保护细胞膜等。
   (4) 成熟红细胞不能从头合成脂肪酸、核酸及蛋白质，也不能进行有氧氧化。
2. 影响血红素合成的因素有
   (1) 血红素可反馈抑制 ALA 合酶的活性。
   (2) 促红细胞生成素诱导 ALA 合酶的合成。
   (3) 某些类固醇激素（如雄激素和雌二醇）诱导 ALA 合酶的合成。
   (4) 一些杀虫剂、致癌物等可以诱导 ALA 合酶的合成。
   (5) 铅抑制 ALA 脱水酶、亚铁螯合酶的活性。

六、论述题

1. 血浆蛋白质的分类和功能
   (1) 分类：① 电泳法分类：用醋酸纤维素薄膜电泳可将血浆蛋白质分为清蛋白、α_1-球蛋白、α_2-球蛋白、β-球蛋白和 γ-球蛋白。② 盐析法分类：可将血浆蛋白质分成清蛋白、球蛋白及纤维蛋白原。
   (2) 功能：① 维持血浆胶体渗透压；② 维持血浆的正常 pH；③ 运输作用；④ 免疫作用；⑤ 催化作用；⑥ 营养作用；⑦ 凝血、抗凝血和纤溶作用。
2. 红细胞磷酸戊糖途径产生的 NADPH 可维持细胞内还原型谷胱甘肽的含量，以保护红细胞膜蛋白、血红蛋白和酶蛋白等不被氧化，维持细胞的正常功能。蚕豆病患者缺乏 6 -磷酸葡萄糖脱氢酶，磷酸戊糖途径不能正常进行，NADPH 生成障碍，还原型谷胱甘肽不足。服用蚕豆或某些药物（如磺胺类、阿司匹林等）后过氧化氢和超氧化物生成增加，膜蛋白、血红蛋白和酶蛋白等得不到还原型谷胱甘肽的保护而被氧化，以致大量红细胞被破坏而造成溶血性贫血。

（内蒙古医学院　刘淑萍　关泽红　张红艳）

第十六章　骨骼与钙磷代谢

重点解析

人体内含有丰富的钙和磷，成人体内钙的总量为700g～1400g，磷的总量为400g～800g。99%以上的钙和87%以上的磷以羟磷灰石形式存在于骨骼和牙齿中，其余的存在于体液及软组织中。骨骼是机体的支架，又是钙磷的储库。骨骼中的钙磷与体液中的钙磷呈动态平衡。体液，尤其是血液中的钙磷浓度虽少，但可反映体内钙磷代谢情况，所以在钙磷代谢中占有重要的地位。体内的钙磷除作为骨骼和牙齿的组成成分外，还具有多种重要的生理功能。

一、钙磷生理功能

（一）钙离子的生理功能：

1. 作为第二信使通过“Ca^{2+}-依赖性蛋白激酶途经”传递信息，发挥对细胞功能的调节作用。如肌肉收缩、糖原合成与分解、腺体分泌以及离子转移和细胞生长、基因表达等都与钙离子有关。

2. 可降低毛细血管和细胞膜的通透性。

3. 降低神经肌肉的兴奋性，当血浆中的钙离子浓度低于0.87mmol/L（3.5mg/dl）时，神经、肌肉的兴奋性增高，可导致手足搐搦症。

4. 有利于心肌的收缩，钙离子与钾离子相拮抗，共同参与维持心肌的正常收缩与舒张。

5. 参与血液凝固。

6. 影响酶的活性（如Ca^{2+}是脂肪酶的激活剂，也是维生素D_2-1α-羟化酶的抑制剂）。

（二）磷的生理功能

1. 是核酸、核苷酸、磷脂及一些辅酶（例如NAD^+、$NADP^+$、FMN、FAD、TPP、磷酸吡哆醛等）的组成成分。

2. 参与能量的合成与储存（如ATP、GTP、UTP、CTP和磷酸肌酸等）。

3. 作为缓冲体系成分之一，参与体内酸碱平衡的调节。

4. 参与体内多种磷酸化反应（如糖代谢）。

5. 通过使多种功能蛋白和酶的磷酸化和脱磷酸化参与第二信使对物质代谢的调节。

二、钙磷的吸收与排泄

小肠是钙磷吸收的主要部位，维生素D是影响钙磷吸收的主要因素。此外，肠道pH、饮食、年龄等，也影响钙磷吸收。

钙主要由肠道排泄，磷主要由肾脏排泄。

三、血液中钙与磷

血液中的钙主要存在血浆（或血清）中，所以血浆中的钙简称为血钙。正常成人血钙浓度为 2.25～2.75 mmol/L（9～11mg/dl），包括离子钙和结合钙，各占约 50%，二者可相互转化但受血液酸碱度影响。

血磷主要指血液中的无机磷，以无机磷酸盐的形式存在。正常人血液中钙磷乘积以（mg/dl）计为 35～40，二者乘积大于 40 时，有利于骨的钙化；二者乘积小于 35 时，将妨碍骨的钙化而导致佝偻病或骨软化症。

四、骨的代谢

骨组织主要有骨细胞、成骨细胞、破骨细胞。骨的代谢过程包括：成骨作用和溶骨作用。成骨作用是指骨的有基质形成和骨盐的沉积。溶骨作用是指骨盐的溶解及骨的有基质水解。成骨作用与溶骨作用以等速度交替进行称为骨的更新。

五、体内钙磷代谢调节

参与体内钙磷代谢调节的激素有维生素 D、甲状旁腺素及降钙素 。它们作用的靶组织主要为小肠、骨骼和肾脏。

1. 维生素 D 经肝脏、肾脏两次羟化生成 1，25－$(OH)_2$－D_3具有下列功能：

（1）促进小肠对钙磷的吸收与转运。

（2）促进骨组织的生长与更新。

（3）加强肾小管对钙磷的重吸收，提高血钙、血磷浓度。

2. 甲状旁腺素的作用是提高血钙、降低血磷、酸化血液。

3. 降钙素的作用是降低血钙和血磷。

六、钙磷代谢调节

钙磷代谢紊乱时 ，临床上表现为血钙、血磷浓度异常及代谢性骨病，如佝偻病和骨软化病、抗维生素 D 佝偻病、骨质疏松症。

测 试 题

一、单项选择题

［在备选答案中只有一个是正确的］

1. 体内含量最多的无机盐是
   A. 磷
   B. 钾
   C. 钙
   D. 钠
   E. 氯

2. 在细胞内传递激素信息的小分子物质称为
   A. 递质
   B. 载体
   C. 第一信使
   D. 第二信使

E. 第三信使

3. 第二信使不包括

A. Ca^{2+}

B. K^{+}

C. cAMP

D. $2P_3$

E. DAG

4. 影响钙吸收的最主要因素是

A. 年龄

B. 肠道 pH

C. 食物性质

D. 活性维生素 D

E. 食物中钙含量

5. 钙主要排泄途径为

A. 肝脏

B. 肾脏

C. 肠道

D. 胆道

E. 皮肤

6. 磷主要排泄途径为

A. 肾脏

B. 肝脏

C. 皮肤

D. 肠道

E. 胆道

7. 血浆结合钙主要指

A. 柠檬酸钙

B. 蛋白结合钙

C. 碳酸钙

D. 磷酸钙

E. 氢氧化钙

8. 血浆中非扩散钙是指

A. 血浆蛋白结合钙

B. 柠檬酸钙

C. 碳酸氢钙

D. 离子钙

E. 磷酸钙

9. 引起手足搐搦的主要原因是血浆中

A. 结合钙浓度升高

B. 结合钙浓度降低

C. 离子钙浓度升高

D. 离子钙浓度降低

E. 以上都不是

10. 正常成人血浆中［Ca］×［P］乘积是

A. 35～40

B. 25～30

C. 45～50

D. 50～55

E. 55～60

11. 血钙指

A. 血浆中的总钙量

B. 血浆中的结合钙

C. 血浆中的离子钙

D. 血浆中的磷酸钙

E. 血浆中的碳酸钙

12. 正常成人血钙浓度是：

A. 0.10～1.25mmol/L

B. 2.25～2.75mmol/L

C. 1.25～1.25mmol/L

D. 0.5～1.50mmol/L

E. 2.50～3.50mmol/L

13. 骨盐的最主要成分是

A. 羟磷灰石

B. 磷酸氢钙

C. 碳酸氢钙

D. 柠檬酸钙

E. 氢氧化钙

14. 促进成骨作用的酶是

A. 酸性磷酸酶

B. 乳酸脱氢酶

C. 丙酮酸脱氢酶

D. 碱性磷酸酶

E. 胆碱酯酶

15. 维生素 D 的活性形式是

A. 维生素 D_3

B. 维生素 D_2

C. 24-羟维生素 D_3

D. 5-羟维生素 D_3

E. 1，25-二羟维生素 D_3

16. 维生素 D_3 原是指

A. 胆固醇

B. 麦角固醇

C. 7-脱氢胆固醇

D. 丙二醇

E. 胆钙化醇

17. 25-羟维生素 D_3 的生成部位是

A. 心脏

B. 脾脏

C. 肝脏

D. 肺脏

E. 肾脏

18. 1，25-二羟维生 D_3 的生成部位是

A. 肾脏

B. 肝脏

C. 肺脏

D. 大脑

E. 心脏

19. 1，25-二羟维生素 D_3 的功能是

A. 提高血钙和血磷

B. 降低血钙和血磷

C. 提高血钙，降低血磷

D. 提高血磷，降低血钙

E. 以上都不是

20. 甲状旁腺素功能是

A. 提高血钙，降低血磷

B. 提高血磷，降低血钙

C. 降低血钙和血磷

D. 提高血钙和血磷

E. 以上都不对

21. PTH 对细胞内钙代谢机理是

A. 活化腺苷酸环化酶

B. 活化磷脂酶

C. 活化胆碱酯酶

D. 活化 1-羟化酶

E. 活化柠檬酸酶

22. 降钙素的功能是

A. 提高血钙，降低血磷

B. 提高血磷，降低血钙

C. 降低血钙和血磷

D. 提高血磷和血钙

E. 促进骨骼钙化

23. 1，25-$(OH)_2$-D_3 对骨盐的作用是

A. 促进骨质钙化，抑制骨钙游离

B. 促进骨钙游离，抑制骨质钙化

C. 既促进骨钙游离，又促进骨质钙化

D. 既抑制骨钙化，又抑制骨钙游离

E. 仅促进骨质钙化

24. 正常人血浆碱性磷酸酶的活性单位（布氏单位）是

A. 3～15

B. 5～15

C. 5～11

D. 5～13

E. 4～15

25. 磷的生理功能哪项是错误的

A. 是 RNA 的组成成分

B. 是胆固醇的组成成分

C. 是磷脂的组成成分

D. 是 DNA 的组成成分

E. 是 ATP 的组成成分

二、多项选择题

［在备选答案中有两个或两个以上是正确的，错选或未选全的均不给分］

1. 细胞内外 Ca^{2+} 浓度差别的主要原因有

A. 细胞膜对 Ca^{2+} 的通透性低

B. 钙泵的作用

C. 降钙素的作用

D. PTH 的作用

E. 1，25-$(OH)_2$-D_3 作用

2. 钙离子的功能包括

A. 作为激素第二信使

B. 参与肌肉的收缩

C. 影响酶的活性

D. 降低神经肌肉的兴奋性
E. 提高心肌的兴奋性
3. Ca^{2+}-依赖性蛋白激酶途径包括
A. Ca^{2+}-CaM 激酶途径
B. Ca^{2+}-磷脂依赖性蛋白激酶途径
C. cAMP-蛋白激酶途径
D. cGMP-蛋白激酶途径
E. 酪氨酸蛋白激酶途径
4. 磷的功能包括
A. 磷是骨骼和牙齿的成分
B. 磷是 DNA 和 RNA 的成分
C. 磷是辅酶 Q 的成分
D. 磷参与多种物质的磷酸化
E. 磷是第二信使
5. 影响钙吸收的因素有
A. 维生素 D
B. 维生素 B
C. 年龄
D. 肠道 pH
E. 食物中钙和磷的比例
6. 血钙包括
A. 蛋白结合钙
B. 羟磷灰石
C. 氢氧化钙
D. 柠檬酸钙
E. 离子钙
7. 第二信使物质包括
A. cAMP
B. cGMP
C. IP_3
D. DAG
E. Ca^{2+}
8. 1，25-$(OH)_2$-D_3作用的靶组织是
A. 肝脏
B. 肾脏
C. 小肠
D. 骨骼
E. 心脏
9. 骨组织包括
A. 白细胞
B. 红细胞
C. 骨细胞
D. 成骨细胞
E. 破骨细胞
10. 成骨作用包括
A. 骨的有机质形成
B. 骨盐的沉积
C. 骨盐的溶解
D. 骨的有机质水解
E. 碱性磷酸酶活性降低
11. 碱性磷酸酶活性增高见于
A. 佝偻病
B. 骨软化症
C. 甲状旁腺功能低下
D. 甲状旁腺功能亢进
E. 骨折
12. 患佝偻病的婴儿临床主要表现为
A. "X" 形或 "O" 形腿
B. 鸡胸
C. 方颅
D. 低血钙
E. 低血磷
13. 甲状旁腺素的功能是
A. 提高血钙
B. 降低血磷
C. 酸化血液
D. 抑制钙磷吸收
E. 促进骨盐溶解
14. 引起骨质疾病的因素包括
A. 长期日光照射不足
B. 食物中钙磷比例不当
C. 肾功能障碍
D. 维生素 D 摄入不足
E. 肝功能障碍
15. 母乳喂养婴儿患佝偻病少的原因是乳中
A. 磷的含量高
B. 钙的含量高
C. 钙磷的比例合适

D. 维生素D的含量高

E. 甲状腺素含量高

16. 与活性维生素D生成有关的酶是

A. 碱性磷酸酶

B. 酸性磷酸酶

C. 25-羟化酶

D. 1-羟化酶

E. 24-羟化酶

17. 1，25-二羟维生素 D_3 促进钙磷吸收的机理是

A. 促进肠道对钙磷的吸收

B. 促进肾脏对钙磷的重吸收

C. 协同PTH促进老骨中钙的游离

D. 降低碱性磷酸酶的活性

E. 促进磷脂的分解

18. 参与钙磷代谢的激素主要有

A. 活性维生素D

B. 肾上腺素

C. 甲状旁腺素

D. 胰岛素

E. 降钙素

19. PTH对靶细胞内钙调节的机理是

A. 激活靶细胞膜上腺苷酸环化酶

B. 激活靶细胞膜上的“钙泵”

C. 增加胞浆内cAMP的浓度

D. 降低焦磷酸盐浓度

E. 促进线粒体内钙转移至胞浆中

20. 影响血浆钙离子浓度的因素有

A. 血钙浓度

B. 血浆酸碱度

C. 血浆蛋白质的含量

D. 血浆胆固醇含量

E. 血浆胆红素含量

三、填空题

1. 血钙以________和________两种形式存在。
2. 钙离子在细胞内外分布有很大差别，细胞外 Ca^{2+} 浓度约为________ μmol/L，而细胞内 Ca^{2+} 浓度为________ μmol/L。
3. Ca^{2+}-磷脂依赖性蛋白激酶途径是以________ 和 ________为第二信使的双信号途径。
4. 钙的吸收主要在________进行，影响钙吸收的最主要因素是________。
5. 体内的钙主要经________排泄，磷主要经________排泄。
6. 正常成人体内血磷浓度为________ mmol/L，儿童体内血磷浓度为________ mmol/L。
7. 体内血钙总浓度低________ mmol/L、离子钙浓度低于________ mmol/L时，临床上可出现手足搐搦症。
8. 血液［H^+］增高，血浆结合钙浓度________，离子钙浓度________；血液［HCO_3^-］增高，血浆离子钙浓度________，结合钙浓度________。
9. 血钙浓度升高时，甲状旁腺素分泌________，降钙素分泌________。
10. 骨的成分包括________、________和________。
11. 维生素 D_3 在肝中经________催化生成25-（OH）-D_3，又在肾中经 ________催化生成1，25-$(OH)_2$-D_3，还可经________催化生成无活性的24，25-$(OH)_2$-D_3。

四、名词解释

1. 第二信使
2. 血钙
3. 非扩散钙
4. 成骨作用
5. 溶骨作用
6. 骨的更新

五、简答题

1. 简述钙离子的生理功能
2. 简述血钙的存在形式。
3. 简述磷的生理功能。

六、论述题

1. 叙述 1，25－$(OH)_2$－D_3对钙磷代谢的调节作用。
2. 老年人易发生骨质疏松的生化机理是什么？
3. 叙述严重肝病、肾病患者，常伴有佝偻病或骨软化症的生化机理。

参考答案

一、单项选择题

1. C　2. D　3. B　4. D　5. C　6. A　7. B　8. A
9. D　10. A　11. A　12. B　13. A　14. D　15. E　16. C
17. C　18. A　19. A　20. A　21. A　22. C　23. C　24. B
25. B

二、多项选择题

1. AB　2. ABCDE　3. AB　4. ABD　5. ACDE　6. ADE
7. BCDE　8. BCD　9. CDE　10. ABD　11. ABDE　12. ABCDE
13. ABCE　14. BCDE　15. BC　16. CD　17. ABC　18. ACE
19. ABCE　20. AB

三、填空题

1. 离子钙　结合钙
2. 1000　0.1～0.2
3. IP_3　DAG
4. 小肠　活性维生素 D
5. 肠道　肾脏
6. 1.1～1.3　1.2～2.1
7. 1.75　0.87
8. 降低　升高　降低　升高
9. 减少　增加
10. 骨的有机质　骨盐　骨细胞
11. 25－羟化酶　1－羟化酶　24－羟化酶

四、名词解释

1. 第二信使：细胞外液激素信号可转变成靶细胞内起信息传递和放大作用的小分子物质，称第二信使。
2. 血钙：血钙是指血浆中的总钙，包括结合钙和离子钙。
3. 非扩散钙：血浆结合钙不能透过毛细血管壁，所以称非扩散钙。
4. 成骨作用：指骨的有机质形成和骨盐的沉积过程。
5. 溶骨作用：骨盐的溶解及骨有机质的水解过程，称溶骨作用。
6. 骨的更新：成骨作用与溶骨作用以等速度交替进行称骨的更新。

五、简答题

1. 钙除作为骨骼和牙齿的组成成分外，还具有多种功能：
   (1) 作为第二信使通过“Ca^{2+}-依赖性蛋白激酶途径”传递信息发挥对细胞功能的调节作用，如：肌肉收缩、糖原合成与分解、腺体分泌以及离子转移和细胞生长、基因表达等都与钙离子有关；
   (2) 可降低毛细血管和细胞膜通透性；
   (3) 降低肌肉的兴奋性；
   (4) 增加心肌的兴奋性；
   (5) 钙离子还参与血液凝固；
   (6) 影响酶的活性。
2. 血钙含量约为2.5～2.75 mmol/L，以离子钙和结合钙两种形式存在。结合钙主要是蛋白结合钙和少量的柠檬酸钙等。蛋白质结合钙不能通过毛细血管壁—称非扩散钙。离子钙及柠檬酸钙能通过毛细血管壁—称扩散钙。
3. 磷作为骨骼和牙齿的组成成分外，还具有多种重要的生理功能：
   (1) 磷是DNA和RNA、磷脂及一些辅酶（如NAD^+、$NADP^+$、FMN、FND、TPP、磷酸吡哆醛等）的组成成分
   (2) 参与能量的合成与分解
   (3) 参与酸碱平衡的调节作用
   (4) 参与体内多种磷酸化反应
   (5) 通过使多种功能蛋白和酶的磷酸化与脱磷酸化参与第二信使对细胞功能的调节。

六、论述题

1. 1，25-$(OH)_2$-D_3对钙磷代谢的调节作用是通过对小肠、骨骼和肾脏三种靶组织的调节来实现的。
   (1) 促进小肠对钙磷的吸收与转运
   1，25-$(OH)_2$-D_3对小肠的作用，是通过与肠黏膜细胞内特异受体蛋白结合后生成1，25-$(OH)_2$-D_3-受体复合物而发挥下列作用：① 使膜卵磷脂及不饱和脂肪酸含量增加改变膜的组成和结构，增加膜对钙的通透性。② 作用于细胞核，加快DNA转录mRNA，并合成与Ca^{2+}吸收和转运有关的蛋白-钙结合蛋白（Ca-BP）。Ca-

BP 可使细胞内钙浓集于线粒体，使胞浆内 Ca^{2+} 降低，间接促进小肠对钙的吸收；Ca－BP 还可使线粒体内的钙转运到基底膜，并在 Ca^{2+}－ATP 酶及 Na^{+}－K^{+}－ATP 酶的共同作用下将 Ca^{2+} 转运至血液。

1，25－$(OH)_2$－D_3还能促进小肠对磷的吸收，一方面是通过加强对钙吸收而间接促磷的吸收，另一方面是直接促进磷的吸收。

（2）1，25－$(OH)_2$－D_3促进骨组织的生长与更新

1，25－$(OH)_2$－D_3可提高破骨细胞的数量及活性，促进骨盐溶解，释放钙和磷。并与 PTH 协同，促进钙磷的周转，有利于新骨的钙化。所以 1，25－$(OH)_2$－D_3既促进老骨溶解又促进新骨钙化，从而维持骨组织的生长和更新。

（3）加强肾小管对钙磷的重吸收作用，但作用较弱。

2. 老年人容易发生骨质疏松的生化机理确定的因素有：① 内分泌紊乱。老年人体内性激素分泌明显下降，尤其是绝经期妇女，因雌激素分泌减少，成骨细胞得不到正常刺激，骨的有机质形成发生障碍，骨盐不能正常沉积，而导致骨质疏松。② 1－羟化酶活性降低。因老年人肾中 1－羟化酶活性降低，使 25－羟维生素 D_3 在 1 位上羟化受阻，1，25－$(OH)_2$－D_3生成量减少，影响肠道对钙磷的吸收，导致骨质钙化不全而易引起骨质疏松。

3. 维生素 D 是调节钙磷代谢的主要因素之一，但维生素 D 本身无活性，必须经过肝中 25－羟化酶的催化作用，生成 25－羟维生素 D_3，再经肾中 1－羟化酶的催化作用生成 1，25－$(OH)_2$－D_3才有活性（活性维生素 D）。当肝和肾严重病变时，肝中 25－羟化酶和肾中 1－羟化酶活性降低，活性维生素 D 生成量减少，影响钙磷的吸收，血钙降低；继而引起 PTH 分泌增加，加速骨盐溶解，严重时可导致佝偻病或骨软化病。

（河北工程大学医学院　杨玉菊　刘春燕）

第十七章　维生素与微量元素

重点解析

维生素是人体维持正常生理功能所必需的一类小分子微量物质，机体不能合成或合成量不足，必须由食物供给。分为脂溶性维生素与水溶性维生素两大类。

脂溶性维生素包括维生素 A、D、E、K。它们的消化吸收与脂类一起进行，脂类吸收障碍可引起脂溶性维生素缺乏症。长期摄入过多可导致中毒症。维生素 A 参与组成视觉细胞内的感光物质，维持上皮组织结构的完整，促进生长、发育和繁殖，并有抗氧化及抑制癌变的作用。维生素 D 的活性形式是 $1,25-(OH)_2-D_3$，参与钙磷代谢的调节。维生素 E 具有抗氧化、抗不育和促进血红素合成等作用。维生素 K 参与多种凝血因子的活化，与血液凝固有关。

水溶性维生素包括 B 族维生素和维生素 C。B 族维生素多构成酶的辅酶成分，参与物质代谢。维生素 B_1 的活性形式是 TPP，作为 α-酮酸氧化脱羧酶、转酮醇酶的辅酶，维生素 B_1 缺乏可引起“脚气病”；维生素 B_2 的活性形式是 FMN 与 FAD，作为黄素蛋白酶的辅基传递氢，维生素 B_2 缺乏时，可引起唇炎、舌炎、口角炎等症；维生素 PP 的活性形式是 NAD^+ 与 $NADP^+$，是多种不需氧脱氢酶的辅酶，作为氢的传递体，维生素 PP 缺乏引起癞皮病；维生素 B_6 的活性形式是磷酸吡哆醛，是氨基酸转氨酶、脱羧酶的辅酶，参与氨基的转移；泛酸的活性形式是 CoA 和 ACP，参与酰基转移反应；生物素是羧化酶的辅酶；叶酸和 B_{12} 与一碳单位代谢密切相关。维生素 C 是一种抗氧化剂，还参与多种物质的羟化反应。

微量元素是指占体重万分之一以下，每日需要量小于 100mg 的元素，包括铁、碘、铜、锌、锰、硒、氟、钼、钴、铬、镍、钒、硅、锡等。微量元素来源于食物，虽含量甚微，但其生理功能却十分重要。缺铁可引起贫血，缺碘可引起单纯性甲状腺肿。

测　试　题

一、单项选择题

[在备选答案中只有一个是正确的]

1. 下列哪个辅酶不含维生素
   A. 磷酸吡哆醛
   B. NAD^+
   C. FAD
   D. CoQ
   E. CoA－SH

2. 患口腔炎（口角、唇、舌等）时应补充下面哪种维生素
   A. 维生素 B_1
   B. 维生素 B_2
   C. 维生素 B_6
   D. 维生素 PP

E. 维生素 C

3. 胶原蛋白合成需
   A. 维生素 A
   B. 维生素 C
   C. 维生素 D
   D. 维生素 E
   E. 维生素 K

4. 关于脂溶性维生素的叙述不正确的是
   A. 其消化、吸收过程与脂类一起进行
   B. 在血中的运输需结合载脂蛋白或特殊载体
   C. 体内有一些储存，但积蓄时易中毒
   D. 肠道细菌合成可满足人体所需
   E. 多数与构成辅酶无直接关系

5. 下列维生素或其衍生物作为辅酶的功用，哪个是错误的
   A. 生物素——羧化
   B. 泛酸——转酰基
   C. 叶酸——还原
   D. 吡哆醛——转氨基
   E. 尼克酰胺——传递氢

6. 下列哪种维生素缺乏不导致丙酮酸堆积
   A. 维生素 B_1
   B. 维生素 B_2
   C. 维生素 B_6
   D. 维生素 PP
   E. 泛酸

7. 维生素 B_1 严重缺乏可引起
   A. 口角炎
   B. 佝偻病
   C. 脚气病
   D. 恶性贫血
   E. 坏血病

8. 唯一含金属元素的维生素是
   A. 生物素
   B. 硫辛酸
   C. 维生素 B_6
   D. 维生素 PP
   E. 维生素 B_{12}

9. 哪种维生素既是氨基酸转氨酶的辅酶又是氨基酸脱羧酶的辅酶
   A. 生物素
   B. 硫辛酸
   C. 维生素 B_6
   D. 维生素 PP
   E. 维生素 B_{12}

10. 下列哪种维生素是类固醇衍生物
   A. 生物素
   B. 硫辛酸
   C. 维生素 PP
   D. 维生素 D
   E. 维生素 B_{12}

11. 下列以 FAD 为辅酶的脱氢酶是
   A. 琥珀酸脱氢酶
   B. 异柠檬酸脱氢酶
   C. 苹果酸脱氢酶
   D. 乳酸脱氢酶
   E. 6-磷酸葡萄糖脱氢酶

12. 在机体内磷酸吡哆醛参与的酶促反应有
   A. 转甲基作用
   B. 脱氨基作用
   C. 转酰基作用
   D. 羧化作用
   E. 转氨基作用

13. 维生素 C 缺乏时可患
   A. 白血病
   B. 败血病
   C. 坏血病
   D. 痛风症
   E. 贫血症

14. 维生素 A 存在于自然界黄、红色植物中，最主要的是
   A. α-胡萝卜素
   B. β-胡萝卜素
   C. γ-胡萝卜素
   D. δ-胡萝卜素
   E. ε-胡萝卜素

15. 下列哪种辅酶中不含核苷酸

A. FAD
B. FMN
C. $NADP^+$
D. FH_4
E. CoA - SH

16. 谷胱甘肽过氧化物酶中含有的微量元素为
A. 锌
B. 镁
C. 铜
D. 锰
E. 硒

17. 下列哪种元素是细胞色素氧化酶的组分
A. 锌
B. 镁
C. 铜
D. 锰
E. 硒

18. 铁在血液中的运输形式是
A. Fe^{2+}
B. Fe^{3+}
C. Fe^{3+}-运铁蛋白
D. Fe^{2+}-运铁蛋白
E. Fe^{2+}-白蛋白

19. 下列哪种微量元素是超氧化物歧化酶的组成成分
A. 氟
B. 钴
C. 镍
D. 锰
E. 硒

20. 缺乏哪种元素会导致地方性甲状腺肿
A. 锌
B. 氟
C. 碘
D. 镁
E. 锰

21. 哪个蛋白或酶中不含铁元素
A. 肌红蛋白
B. 过氧化物酶
C. 过氧化氢酶
D. 细胞色素
E. 转甲基酶

22. 下列哪种元素缺乏易引发龋齿
A. 氯
B. 氟
C. 碘
D. 镁
E. 钴

23. 哪种元素不足引起味觉丧失、食欲减退和性机能障碍等
A. 锌
B. 钼
C. 铬
D. 铜
E. 钒

24. 有利于铁的运输和利用的是
A. 钴
B. 钼
C. 铬
D. 镁
E. 铜

25. 与克山病、大骨节病有关的是
A. 铜
B. 硒
C. 碘
D. 锌
E. 氟

二、多项选择题

[在备选答案中有两个或两个以上是正确的，错选或未选全的均不给分]

1. 哪种维生素缺乏会影响一碳单位代谢与核苷酸合成
A. 维生素 B_1

B. 维生素 B_6
C. 维生素 B_{12}
D. 维生素 PP
E. 叶酸

2. 缺乏维生素 B_1 可导致
A. 末梢神经炎
B. 肌肉无力
C. 心力衰竭
D. 红细胞脆性增加
E. 凝血时间延长

3. 关于维生素 C 的叙述正确的是
A. 人类能部分合成维生素 C
B. 长期大量食用，有发生尿路结石的可能
C. 是羟化酶的辅因子
D. 作为强还原剂，具有抗氧化性
E. 维生素 C 在体内有一定量的储存

4. 关于维生素 K 的叙述正确的是
A. 维生素 K 是类固醇衍生物
B. 维生素 K 系人工合成品，自然界中不存在
C. 缺乏时凝血时间延长
D. 维生素 K 作为 γ-羧化酶的辅助因子，参与凝血因子的活化过程
E. 长期大量使用广谱抗生素可导致维生素 K 缺乏

5. 关于维生素 E 的叙述，正确的是
A. 具有强抗氧化作用
B. 具有抗不育的作用
C. α-型生物活性最高
D. 维生素 E 缺乏的患者临床多见
E. 结构中含钴元素，是唯一含金属的维生素

6. 关于维生素 B_{12} 的叙述，正确的是
A. 缺乏可致巨幼红细胞性贫血
B. 维生素 B_{12} 的主要来源是植物性食品
C. 维生素 B_{12} 的吸收需一种称作内因子的糖蛋白的协助
D. 维生素 B_{12} 在四氢叶酸再生的过程中起着重要作用
E. 结构中含钴元素，是唯一含金属的维生素

7. 胆固醇→7-脱氢胆固醇→25-(OH) D_3→1，25-$(OH)_2D_3$ 的过程所涉及的组织器官有
A. 皮肤
B. 小肠
C. 肝脏
D. 骨骼
E. 肾脏

8. 人体可合成或少量合成的维生素有
A. 维生素 A
B. 维生素 D
C. 维生素 K
D. 维生素 PP
E. 维生素 B_{12}

9. 严重缺乏维生素 D 时，将患下列哪些疾病
A. 夜盲症
B. 软骨病
C. 癞皮病
D. 脚气病
E. 佝偻病

10. 下列哪些辅酶含有腺嘌呤
A. NAD^+
B. CoA-SH
C. FMN
D. FAD
E. TPP

11. 组成脱氢酶的辅助因子有
A. FMN
B. FAD
C. FH_4
D. CoQ
E. NAD^+

12. 哪种酶的辅酶是磷酸吡哆醛
A. 转甲基酶
B. 转氨酶

C. 转肽酶
D. 丙酮酸羧化酶
E. 谷氨酸脱羧酶

13. 下列哪个辅酶不参与传递氢的作用
A. CoA-SH
B. FMN
C. FH_4
D. GSH
E. NAD^+

14. 属于B族维生素的有
A. 硫胺素
B. 核黄素
C. 生物素
D. 钴胺素
E. 泛素

15. 以下叙述正确的是
A. 铁是人体内含量最多的一种微量元素
B. 体内常见微量元素包括铁、锌、铜、锰、铬、钼、钴、镍、钒、锡、硅、碘、氟等14种元素
C. 微量元素仅占人体总重量的0.05%左右
D. 体内的微量元素多为蛋白质、酶的辅基或活性中心的组成成分
E. 微量元素是指正常成人日需量100毫克以下的元素

三、填空题

1. 写出下列辅酶（或辅基）的中文名称
TPP ________，NAD^+ ________，$NADP^+$ ________，FAD ________，FMN ________，FH_4 ________，CoA-SH ________

2. 写出下列辅酶（或辅基）组成中所含的维生素
TPP ________，NAD^+（$NADP^+$）________，FH_4 ________，FAD（FMN）________，CoA-SH ________。

3. 请给出与下列代谢反应或生理功用相关的维生素
羧化反应________，氨基酸转氨________，氨基酸脱羧________，酰基转移________，多种不需氧脱氢酶的辅酶________，凝血因子的活化________，胶原蛋白合成________。

4. 维生素缺乏可致缺乏症：缺乏________可致夜盲症，缺乏________可致癞皮病，缺乏________可致坏血症，缺乏________可致佝偻病，缺乏________可致凝血障碍，缺乏________可致脚气病，缺乏________可致口角炎，缺乏________可致巨幼红细胞性贫血。

四、名词解释

1. 维生素
2. 维生素缺乏症
3. 微量元素

五、简答题

简述维生素的特点。

六、论述题

1. 经常高蛋白膳食的人为什么维生素 B_6 的需要量增多？
2. 为什么鸡蛋不宜生食？

参考答案

一、单项选择题

1. D　2. B　3. B　4. D　5. C　6. C　7. C　8. E
9. C　10. D　11. A　12. E　13. C　14. B　15. D　16. E
17. C　18. C　19. D　20. C　21. E　22. B　23. A　24. E
25. B

二、多项选择题

1. CE　2. ABC　3. BCDE　4. CDE　5. ABC　6. ACDE
7. ACE　8. BD　9. BE　10. ABD　11. ABE　12. BE
13. ACD　14. ABCD　15. ABCDE

三、填空题

1. 焦磷酸硫胺素　尼克酰胺腺嘌呤二核苷酸　尼克酰胺腺嘌呤二核苷酸磷酸　黄素腺嘌呤二核苷酸　黄素单核苷酸　四氢叶酸　辅酶 A
2. 维生素 B_1　维生素 PP　叶酸　维生素 B_2　泛酸
3. 生物素　维生素 B_6　维生素 B_6　辅酶 A　NAD^+　维生素 K　维生素 C
4. 维生素 A　维生素 PP　维生素 C　维生素 D　维生素 K　维生素 B_1　维生素 B_2　叶酸

四、名词解释

1. 维生素（Vitamin）是机体维持正常生理功能所必需，但在体内不能合成或合成量不足，必须由食物供给的一组低分子量有机化合物。
2. 由于维生素在体内不断进行着新陈代谢，所以长期摄入不足、吸收障碍、需求增加等因素可引起维生素的缺乏，造成机体物质代谢和生理功能异常，称维生素缺乏病。
3. 微量元素是指占体重万分之一以下，每日需要量小于 100mg 的元素，主要包括铁、碘、铜、锌、锰、硒、氟、钼、钴、铬、镍、钒、硅、锡等。主要来源于食物，虽然含量甚微，但其生理功能却十分重要。

五、简答题

维生素的特点：（1）低分子量有机化合物；（2）体内不能合成或合成量不足，必须由体外供给；（3）人体对其需要量甚少（每日仅需毫克或微克量）；（4）是机体维持正常物质代谢和生理功能所必需；（5）缺乏时可致缺乏症，针对性治疗可使症状得以缓解或痊愈。

六、论述题

1. 磷酸吡哆醛是氨基酸代谢的多种酶的辅酶，如氨基酸转氨酶与氨基酸脱羧酶的辅酶均是磷酸吡哆醛。经常高蛋白膳食者，其体内氨基酸合成、分解及转变旺盛，故维生素 B_6 的需要量增多。

2. 新鲜的鸡蛋清中含有抗生物素蛋白，它能与生物素结合，在肠道中可干扰生物素的吸收。如经常多食生鸡蛋，可能造成生物素的缺乏。

（首都医科大学　王宏娟　徐世明）

第十八章　水、电解质与酸碱平衡

重点解析

一、正常人体的体液

体液是由水和溶解于水中的溶质组成的液体，以离子形式存在的溶质称为电解质。体液分为细胞内液与细胞外液两部分。细胞外液又分为血浆与细胞间液。细胞内液中的主要阳离子是 K^+，主要阴离子是 HPO_4^{2-} 和蛋白质阴离子，细胞外液中的主要阳离子是 Na^+，主要阴离子是 Cl^- 和 HCO_3^- 离子。各部分体液中的阴、阳离子总数相等，呈电中性。细胞间液电解质成分和浓度与血浆相似，但蛋白质含量显著低于血浆。细胞内外液的渗透压相等。

各部分体液之间可以相互交换。血浆与细胞间液之间的交换主要在毛细血管进行，交换的屏障是毛细血管壁，交换的动力取决于有效滤过压，即毛细血管内血压、细胞间液胶体渗透压、细胞间液静水压和血浆胶体渗透压之和。高血压、右心衰竭、肝硬化和肾病综合征等，体液从细胞间液向血管回流受阻，导致组织水肿。细胞间液与细胞内液之间的交换是通过细胞膜进行的。细胞膜上的"钠钾泵"使细胞内液中 K^+ 浓度显著高于细胞外液，Na^+ 的浓度则相反。K^+ 和 Na^+ 是决定细胞内液和细胞外液渗透压的主要因素。正常情况下，细胞间液与细胞外液的渗透压基本相等，当渗透压不等时，主要靠水的移动来维持平衡。因此，当组织间液渗透压升高时，水自细胞内转移至细胞外，细胞皱缩；反之，细胞肿胀。

二、水与电解质平衡

水是体液的重要组成成分，是理想的溶剂和生物化学反应的媒介，能促进生物化学反应的发生，水本身也参与体内的水解、水化、脱水与氧化等代谢反应，水还具有调节体温和润滑等作用。正常情况下，人体内水主要有三方面的来源：饮水、食物水和代谢水；有四条去路：消化道、呼吸道、皮肤和肾脏，其中肾脏是最重要的排水途径。通常，将每日至少 35g 的固体物质排出体外，至少需 500ml 以上的尿液。尿量过少，会导致代谢废物在体内堆积而引起中毒。人体每天水的摄入量与排出量应相等，否则可导致水平衡的紊乱。由于电解质溶解于水中，水平衡紊乱必然伴有电解质，尤其是钠平衡的紊乱。水平衡紊乱分为脱水和水中毒，其中脱水是临床上常见的水盐代谢紊乱形式。依据水与电解质丢失比例的不同，脱水可分为：高渗性、低渗性和等渗性脱水，三种类型的脱水血钠分别＞150 mmol/L、＜130 mmol/L 和在 130mmol/L～150 mmol/L 之间。

无机盐是机体的重要组成部分，其在维持体液酸碱平衡、渗透压平衡、神经肌肉应激性、心肌应激性、骨组织的形成以及物质代谢等多个方面均发挥重要作用。通常，每日摄入与排出无机盐的量保持动态平衡。体液中含量丰富的钠盐和钾盐主要从食物中获得，而肾脏是最重要的排泄器官。肾脏在激素的调控下实现对水、电解质平衡的调节。

三、水和无机盐平衡的调节

水、电解质平衡是神经系统、激素和肾脏综合调控的结果。抗利尿激素、醛固酮和心钠素是调节水盐代谢的最重要的激素。抗利尿激素由下丘脑视上核神经细胞分泌、在神经垂体贮存和释放，其主要作用是促进肾远曲小管对水的重吸收，有利于机体对水的保留。当下丘脑或垂体后叶发生病变时，抗利尿激素的分泌和释放都明显减少，导致尿量显著增加，机体严重失水，临床上称为尿崩症。醛固酮是肾上腺皮质球状带分泌的是一种盐皮质激素，其主要作用是促进肾远曲小管上皮细胞分泌 H^+ 和 K^+ 以换回 Na^+，回吸收 Na^+ 的同时，水也被重吸收，因而，醛固酮有保 Na^+ 和水，排 K^+ 和 H^+ 的作用，这也是肾对钾的控制不如对钠控制严格和有效的主要原因。肾脏对钠的排泄可用“多吃多排，少吃少排，不吃不排”来概括，而对钾的排泄是“多吃多排，少吃少排，不吃也排”。由于钾的排泄特点以及多种因素（蛋白质、糖原的代谢，酸碱平衡状况等）可影响钾的代谢和其在体液中的分布，故钾代谢紊乱（高血钾和低血钾）是临床上常见的电解质紊乱类型。对各种原因导致的低血钾病人，应及时补钾。近年来发现的心钠素是由心房肌细胞产生和分泌的多肽类激素，通过抑制肾远曲小管和集合管对水和钠的重吸收，发挥强大的利尿和利钠作用，同时还有扩张血管和降低血压的作用。

四、酸碱平衡

机体内的糖、蛋白质和脂肪在代谢过程中不断产生大量的酸性物质（挥发性酸和代谢性酸）和少量的碱性物质；外界的酸性和碱性物质也不断进入体内。但正常情况下，人体血液的 pH 总是维持在 7.35～7.45，机体能够调节体内酸性和碱性物质的含量和比例，以维持体液 pH 处于恒定范围内的过程称为酸碱平衡。这种平衡的调节主要依靠体液中缓冲体系的缓冲作用、肺的呼吸作用及肾脏的排酸保碱功能来实现。

无论是体内产生的，还是体外进入的酸性或碱性物质，均首先进入血液，并被血液的缓冲体系缓冲，所以血液的缓冲体系对酸碱物质起着首当其冲的调节作用。血液缓冲系统包括血浆缓冲系统和红细胞缓冲系统两部分。血浆中以碳酸氢盐缓冲体系（主要对固定酸缓冲）最为重要，血浆的 pH 主要取决于血浆中 HCO_3^- 和 H_2CO_3 浓度的比值。正常比值为 20/1 时，血浆 pH 为 7.4。红细胞中以血红蛋白和氧合血红蛋白缓冲体系最为重要（主要对挥发性酸缓冲）。肺脏通过排出挥发性酸，即 CO_2 量的多少来控制体内 H_2CO_3 的浓度，以调节酸碱平衡。肾脏是通过 H^+-Na^+ 交换、NH_4^+-Na^+ 交换、K^+-Na^+ 交换和重吸收 $NaHCO_3$，调节体内 $NaHCO_3$ 的绝对量和 HCO_3^-/H_2CO_3 比值，以实现对酸碱平衡的调节。

五、酸碱平衡紊乱

由于某些原因造成体内酸碱物质比例失调，超过一定的范围，将出现酸碱平衡紊乱。根据酸碱平衡紊乱的原发性改变是血浆［HCO_3^-］还是［H_2CO_3］，分为代谢性和呼吸性酸碱平衡紊乱；根据［HCO_3^-］和［H_2CO_3］是原发性升高还是降低，分为代谢性碱中毒与酸中毒、呼吸性酸中毒与碱中毒。血液 pH 正常，但缓冲体系的绝对值超出正常范围，称代偿性酸碱平衡紊乱；血液 pH 超出正常范围，称为失代偿性酸碱平衡紊乱。在酸碱平衡紊乱中，以代谢性酸中毒最为常见。临床上常用的反映酸碱平衡紊乱的指标包括：血液 pH、动脉血 PCO_2、TCO_2、SB、AB、BE、AG 等。

测 试 题

一、单项选择题

[在备选答案中只有一个是正确的]

1. 下列有关体液的叙述，哪项是正确的
   A. 血浆约占体重的10%
   B. 女性和肥胖者体液含量占体重的百分比较大
   C. 细胞内液量在正常成年男性约占体重的40%
   D. 体液的含量与年龄呈正相关
   E. 消化液、尿液和汗液直接来源于细胞内液
2. 下列关于电解质说法正确的是
   A. 体液中阴阳离子摩尔数相等
   B. 体液中阴阳离子当量数相等
   C. 细胞内外电解质摩尔数相等
   D. 细胞内外电解质当量数相等
   E. 细胞内外阴阳离子摩尔数相等
3. 对细胞外液的描述，下列哪项正确
   A. 电解质在血浆与组织间液的分布不一致
   B. 小分子有机物在细胞内外的分布不一致
   C. 血管壁对各种无机离子的通透性不同
   D. 蛋白质在血浆与细胞间液的分布不一致
   E. 磷酸氢根离子是细胞外液中的主要阴离子
4. 关于电解质的描述，下列哪项不正确
   A. 电解质是存在于体液中的无机盐
   B. 体液中的电解质主要包括：K^+、Na^+、Cl^-、HCO_3^-、HPO_4^{2-}、Ca^{2+}、Mg^{2+}
   C. 细胞内外液中各种电解质的含量差异较大
   D. 电解质是体液中的重要组成成分
   E. 电解质是所有组织细胞所具有的组分
5. 下列哪种物质不能自由通过细胞膜进行交换
   A. 水
   B. 尿素、尿酸、肌酐
   C. O_2、CO_2
   D. K^+、Na^+
   E. HCO_3^-、Cl^-
6. 关于水的生理功能叙述错误的是
   A. 促进生物化学反应的发生
   B. 作为物质交换与运输的媒介
   C. 调节体温
   D. 是体液的主要成分
   E. 可解离出H^+和OH^-，影响神经肌肉的应激性
7. 正常成人每天产生的代谢水约为
   A. 50ml
   B. 100ml
   C. 200ml
   D. 300ml
   E. 500ml
8. 高渗性脱水的特征是
   A. 失钠>失水，血浆渗透压<310mmol/L，血钠<150mmol/L
   B. 失钠>失水，血浆渗透压<280mmol/L，血钠<130mmol/L
   C. 失钠与失水成比例，血浆渗透压280~310mmol/L，血钠130~150mmol/L
   D. 失钠<失水，血浆渗透压>310mmol/L，血钠<150mmol/L
   E. 失钠<失水，血浆渗透压>310mmol/L，血钠>150mmol/L
9. 下列哪项不是使组织间液回流受阻的

因素
A. 高血压
B. 右心衰竭
C. 血浆胶体渗透压升高
D. 血浆蛋白降低
E. 淋巴回流受阻

10. 病人出现高血钾时，应当
A. 输入 $NaHCO_3$加葡萄糖
B. 输入 NaCl 加胰岛素
C. 输入胰岛素加葡萄糖
D. 输入胰岛素加 $NaHCO_3$
E. 输入 NaCl 加葡萄糖

11. Na^+和 K^+的浓度在细胞内外存在显著差异的原因是膜上存在
A. 腺苷酸环化酶
B. 碳酸酐酶
C. Na^+-K^+-ATP 酶
D. 碱性磷酸酶
E. 鸟苷酸环化酶

12. 近曲小管原尿（肾小球滤液）中［Na_2HPO_4］与［NaH_2PO_4］的正常比值是
A. 20∶1
B. 4∶1
C. 2∶1
D. 10∶1
E. 5∶1

13. 控制肾脏对水盐代谢调节的因素有
A. 甲状旁腺激素、抗利尿激素、醛固酮
B. 肾上腺素、抗利尿激素、醛固酮
C. 心钠素、肾上腺素、盐皮质激素
D. 心钠素、抗利尿激素、醛固酮
E. 糖皮质激素、抗利尿激素、醛固酮

14. 口渴时下列哪一现象不存在
A. 水由细胞内向外流
B. 水由细胞外向内流
C. 血液渗透压升高
D. 唾液减少
E. 尿量减少

15. 机体在代谢过程中产生最多的酸性物质是
A. 碳酸
B. 硫酸
C. 乳酸
D. 氨基酸
E. 丙酮酸

16. 血液 pH 主要取决于血浆中
A. H_2CO_3浓度
B. HCO_3^- 浓度与 H_2CO_3浓度的比值
C. 酮体
D. PCO_2
E. HCO_3^- 含量

17. 直接受呼吸功能影响的指标是
A. PCO_2
B. AB
C. SB
D. pH
E. BE

18. 动脉血液 pH 的正常值是
A. 7.00
B. 7.30～7.40
C. 7.35～7.45
D. 7.40～7.50
E. 7.45～7.55

19. 关于酸碱平衡，阐述错误的是
A. 调节酸碱平衡主要有体液的缓冲系统、肺脏和肾脏
B. 体内代谢主要产生酸性产物，机体功能正常时可调节维持 pH 相对恒定
C. 正常生命活动依赖体液适宜的酸碱度
D. 酸碱平衡与电解质平衡密切相关
E. 通过测定血液 pH，可诊断酸碱平衡紊乱

20. 下述哪项不是肾脏对酸碱调节作用的特点
A. 作用发生较慢

B. 重吸收 $NaHCO_3$ 主要在近曲小管
C. 重吸收与再生 HCO_3^- 都需泌 H^+
D. 肾小管上皮细胞可产氨而从尿排出多余的 H^+
E. 可通过增减肾小球滤过率调节酸碱排出

21. 肾脏调节血液 pH 是通过
A. Cl^- 的重吸收
B. Na^+-K^+ 碱交换
C. HCO_3^- 的重吸收
D. 排泄固定酸保留并维持血中碱储
E. 以上都不是

22. 呼吸性酸中毒和代谢性酸中毒的根本区别为
A. 呼吸性酸中毒是原发性碳酸增加引起，代谢性酸中毒是原发性 HCO_3^- 降低引起
B. 呼吸性酸中毒时 PCO_2 升高，代谢性酸中毒时 PCO_2 变化明显
C. 呼吸性酸中毒时血浆 Cl^- 降低，代谢性酸中毒时血 Cl^- 升高
D. 呼吸性酸中毒时血浆［K^+］升高，代谢性酸中毒时不一定
E. 呼吸性酸中毒时不能通过呼吸代偿，代谢性酸中毒可以

23. 呼吸性碱中毒可由下列哪一因素引起
A. 肺气肿
B. 过度通气
C. 食入过量碳酸氢钠
D. 呕吐
E. 长期饥饿

24. 代谢性碱中毒时不出现
A. Na^+-H^+ 交换减少
B. HCO_3^- 重吸收减少
C. 尿 pH 升高
D. NH_3 分泌减少
E. K^+ 排出减少

25. 血浆 K^+ 浓度升高时不会出现
A. 尿 Na^+ 排出增多
B. 细胞内 H^+ 下降
C. 血浆 H^+ 升高
D. 尿 K^+ 排出增多
E. 细胞内 K^+ 升高

二、多项选择题

［在备选答案中有两个或两个以上是正确的，错选或未选全的均不得分］

1. 下列关于体液的描述，哪些是正确的
A. 是机体内的水溶液
B. 体液占体重的比例与年龄、胖瘦有关，与性别无关
C. 淋巴液属于组织间液
D. 循环的血浆是各器官、组织之间联系的桥梁
E. 组织间液被认为是机体的内环境

2. 下列关于体液及电解质含量及分布的特点，哪些是正确的
A. 细胞内液中主要的阳离子是 K^+ 离子，主要阴离子是 HPO_4^{2-} 和蛋白质阴离子；细胞外液中主要的阳离子是 Na^+ 离子，主要阴离子是 Cl^- 和 HCO_3^-
B. 成人血浆约占体重的 5%
C. 细胞内外液渗透压基本相等
D. 各部分体液阴阳离子电荷数相等
E. 各部分体液中的电解质以无机盐所占比例最大

3. 水的生理功能是
A. 促进体内生物化学反应的发生
B. 体内的润滑剂
C. 参与体内的磷酸解反应
D. 形成结合水，维持原生质形态
E. 运输作用

4. 体内排水的途径有
A. 肾脏排出
B. 皮肤蒸发

C. 大便中排出
D. 呼吸道蒸发
E. 体液渗出

5. 正确叙述细胞内外物质交换的是
A. 细胞膜和毛细血管壁均为半透膜，具有相同的通透性
B. K^+在细胞膜两侧分布几乎相等
C. Na^+主要分布在细胞膜的外侧
D. 细胞膜上 Na^+、K^+泵的本质是一种酶
E. 机体摄取营养物质、排出代谢废物依赖细胞内外物质的交换

6. 维持血浆与细胞间液物质交换的因素是
A. Na^+、K^+泵
B. 细胞间液晶体渗透压
C. 毛细血管动脉端压力
D. 毛细血管静脉端压力
E. 血浆有效胶体渗透压

7. 关于钾代谢，叙述正确的是
A. 进食含钾过多的食物可导致血钾升高
B. 多吃多排、少吃少排、不吃不排
C. 糖原合成、蛋白质合成增强时，常有血钾升高
D. 钾主要从肾脏排泄
E. 酸中毒时常伴有血钾升高

8. 血钾升高时，可出现下列哪些现象
A. 心肌兴奋性下降
B. 神经肌肉兴奋性下降
C. 细胞内的 H^+逸出细胞外
D. 尿钾增多
E. 细胞外的 K^+进入细胞内

9. 有关钠的正确叙述是
A. 高渗脱水时，血 Na^+降低
B. 细胞内 Na^+过多导致水肿
C. Na^+是细胞间液的主要阳离子
D. 肾脏对 Na^+的排出有很强的调控能力
E. Na^+可自由出入毛细血管壁

10. 调节水和电解质平衡的因素有
A. 醛固酮
B. 抗利尿激素
C. 神经系统
D. 肺脏
E. 肾脏

11. 可使抗利尿激素分泌减少的因素有
A. 大量饮水
B. 血浆渗透压降低
C. 血浆渗透压升高
D. 动脉血压下降
E. 血容量增加

12. 引起醛固酮分泌增加的因素有
A. 血压下降
B. 血浆 Na^+/K^+比值降低
C. 低渗脱水
D. 血容量降低
E. 血容量增加

13. 关于心钠素的正确描述是
A. 主要由心房肌细胞合成、分泌
B. 利钠作用
C. 利水作用
D. 降血压作用
E. 促进肾素、醛固酮和抗利尿激素的分泌

14. 有关肾素-血管紧张素系统的正确描述是
A. 能调控醛固酮的分泌
B. 肾素由肾上腺皮质分泌
C. 肾素的化学本质是一种蛋白水解酶
D. 血管紧张素是一种多肽
E. 血管紧张素促进抗利尿激素的分泌

15. 全血缓冲系统中最重要的是
A. Pr^-/HPr
B. Hb^-/HHb
C. HPO_4^{2-}/H_2PO^{4-}
D. HCO_3^-/H_2CO_3
E. HSO_4^-/H_2SO_4

16. 体内酸性物质的来源是
A. 糖的分解代谢
B. 脂肪的分解代谢

C. 胆固醇的分解代谢
D. 蛋白质的分解代谢
E. 食物中的柠檬酸盐和苹果酸盐等

17. 红细胞对酸碱调节的特点
A. 主要调节呼吸性酸碱变化
B. 同时有血氯变化
C. 由血红蛋白缓冲系统发挥作用
D. 血中 H^+ 进入红细胞与 K^+ 交换是最主要方式
E. 呼吸时经红细胞调节可增加血浆 HCO_3^- 的含量

18. 判断酸碱紊乱的血气指标至少需要
A. 血液 pH
B. 碳酸氢盐
C. 碱剩余
D. AG
E. PCO_2

19. 酸中毒时肾脏调节机制为
A. 近曲小管上皮细胞内 pH 降低或 CO_2 升高，使碳酸酐酶活性增加，$NaHCO_3$ 重吸收增加
B. 谷氨酰胺酶活性增加，肾小管上皮产 NH_3 增多，增加 H^+ 的排出
C. 碳酸酐酶活性增强，远端肾单位上皮细胞经 H^+－ATP 酶泵出 H^+ 增多，再生 HCO_3^- 增多
D. 恢复［HCO_3^-］/［H_2CO_3］至正常水平的主要机制
E. 肾小球滤过率增加，酸性物排出增加

20. 阴离子间隙是
A. 血清中未测定阴离子和未测定阳离子的差值
B. HCO_3^- 和 Cl^- 以外的阴离子
C. 血清中阴离子与阳离子浓度的差值
D. 血清中可测定阳离子和可测定阴离子的差值
E. 各类型酸碱平衡紊乱时的重要变化指标

21. 糖尿病酸中毒时可有
A. H^+－Na^+ 交换增加
B. 肾小管细胞分泌 NH_3 增加
C. HCO_3^- 增加
D. 尿液变酸
E. AG 值增加

22. 代谢性碱中毒时有
A. H^+－Na^+ 交换减少
B. 肾小管细胞分泌 NH_3 减少
C. HCO_3^- 重吸收减少
D. 尿液 pH 降低
E. K^+ 从尿中排出减少

23. 严重腹泻病人可有
A. 血 Na^+、HCO_3^- 升高
B. 代谢性酸中毒
C. 血 pH 降低
D. PCO_2 降低
E. 低血 K^+

24. 酸碱平衡与血钾浓度的相互关系是
A. 代谢性酸中毒时可引起低血钾
B. 低血钾时可引起代谢性碱中毒
C. 代谢性碱中毒时可引起高血钾
D. 高血钾时可引起代谢性酸中毒
E. 低血钾时可引起代谢性酸中毒

三、填空题

1. 体液以细胞膜为间隔分为________与________两部分；以血管壁为间隔，________进一步分为________与________。
2. 细胞内液的主要阳离子为________，主要阴离子为________和________；细胞外液的主要阳离子为________，主要阴离子为________和________。
3. 正常人体内水的来源有________、________和________；水的去路有________、

________、________和________。

4. 根据失水和失盐的比例，脱水分为________、________和________，其血 Na^+ 变化分别为________、________和________。
5. 细胞间液与血浆的主要区别是________。
6. 保证将每天的代谢废物排出体外，每天至少需要的尿量为________ ml。
7. 常见使心肌兴奋性增高的离子为________和________，兴奋性降低的离子为________、________和________。
8. 钠的排泄特点为________、________和________；钾的排泄特点为________、________和________。
9. 调节水、电解质平衡的激素主要为________、________和________。
10. 体内物质代谢产生的酸包括________和________。
11. 体内调节酸碱平衡的机制包括________、________和________。
12. 正常人动脉血液 pH 维持在________，主要取决于________与________的浓度比为________。
13. 糖尿病、腹泻等常引起________中毒；肺气肿常引起________中毒。
14. 代表呼吸性因素的指标是________，代表代谢性因素的指标是________。
15. 代谢性酸中毒和碱中毒是指血液中________原发性________和________；呼吸性酸中毒和碱中毒是指血液中________原发性________和________。

四、名词解释

1. 体液
2. 代谢水
3. 肾素
4. 心钠素
5. 酸碱平衡
6. PCO_2
7. 阴离子间隙
8. 酸碱平衡紊乱

五、问答题

1. 体液及其电解质的分布及含量有哪些特点？
2. 水分在血管内外和细胞内外交换的动力各是什么？为什么肝功能严重受损的病人，会产生浮肿？
3. 水和无机盐的生理功能主要有哪些？
4. 影响血钾的因素有哪些？
5. 机体如何调节酸碱平衡？各种调节因素作用有何特点？
6. 为什么 $NaHCO_3/H_2CO_3$ 缓冲体系是血液中最重要的缓冲体系？

参考答案

一、单项选择题

1. C　2. B　3. D　4. A　5. D　6. E　7. D　8. E

9. C　10. C　11. C　12. B　13. D　14. B　15. A　16. B
17. A　18. C　19. E　20. E　21. D　22. A　23. B　24. E
25. A

二、多项选择题

1. ACDE　2. ABCDE　3. ABDE　4. ABCD　5. CDE　6. CDE
7. DE　8. ACDE　9. CDE　10. ABCE　11. ABE　12. ABCD
13. ABCD　14. ACD　15. BD　16. ABD　17. ABCE　18. ABE
19. ABCD　20. AD　21. ABDE　22. ABC　23. BDE　24. BD

三、填空题

1. 细胞内液　细胞外液　细胞外液　血浆　细胞间液
2. K^+　HPO_4^{2-}　蛋白质阴离子　Na^+　Cl^-　HCO_3^-
3. 饮水　食物水　代谢水　肾脏　肠道　呼吸道　皮肤
4. 高渗性脱水　低渗性脱水　等渗性脱水　大于 150mmol/L　小于 130mmol/L　130 mmol/L～150 mmol/L
5. 细胞间液蛋白质含量显著低于血浆中含量
6. 500ml
7. Na^+　Ca^{2+}　K^+　Mg^{2+}　H^+
8. 多吃多排　少吃少排　不吃不排　多吃多排　少吃少排　不吃也排
9. ADH　醛固酮　心钠素
10. 挥发酸　代谢酸
11. 血液缓冲　肺脏调节　肾脏调节
12. 7.35～7.45　HCO_3^-　H_2CO_3　20/1
13. 代谢性酸中毒　呼吸性酸中毒
14. PCO_2　HCO_3^-
15. HCO_3^-　降低　升高　PCO_2　升高　降低

四、名词解释

1. 机体内的水溶液，包括水和溶解于水中的溶质，电解质是其中主要的溶质。
2. 体内由糖、脂肪、蛋白质等物质氧化过程中所产生的水，也称内生水，每天的生成量约为 300ml。
3. 肾小球旁器分泌的一种蛋白水解酶，通过催化血浆中的血管紧张素原转变为血管紧张素 I 来启动肾素-血管紧张素-醛固酮系统，以调节水盐代谢。
4. 由心房肌细胞产生和分泌的、具有强大的利尿、利钠效应以及扩张血管和降低血压作用的肽类激素。
5. 机体调节酸碱物质的含量及其比例，以维持血液 pH 在 7.35～7.45 正常范围的过程，称为酸碱平衡。
6. 物理溶解在血浆中的 CO_2 所呈现的张力，是临床上用来衡量肺泡通气状况和反映呼吸性酸碱平衡紊乱的重要指标。

7. 血浆（或血清）中未测定的阴离子总数与未测定的阳离子总数的差值。

$$AG\ (mmol/L) = Na^+ + K^+ - (Cl^- + HCO_3^-)$$

8. 体内酸性或碱性物质过多，超出机体的调节能力，或机体对酸碱平衡调节能力降低，导致血浆中 HCO_3^- 与 H_2CO_3浓度及其比值超出正常范围，称酸碱平衡紊乱。

五、问答题

1. 体液通常分为细胞内液和细胞外液两部分。细胞外液又分为血浆和组织间液。正常成人体液的总含量约占体重的60%，其中各部分体液的含量约占体重的百分比分别为：细胞内液40%，细胞外液20%，细胞间液15%，血浆5%。

   体液电解质分布与含量的特点为：细胞内液和细胞外液中的电解质分布及含量差别显著，细胞内液中的主要阳离子是 K^+，主要阴离子是 HPO_4^{2-} 和蛋白质阴离子；细胞外液中的主要阳离子是 Na^+，主要阴离子是 Cl^-，其次是 HCO_3^- 离子；各部分体液中的阳离子所带的正电荷总数和阴离子所带负电荷总数相等，因而体液都呈电中性；细胞外液中，血浆和细胞间液中的蛋白质含量相差较大，血浆中含量明显高于细胞间液，其他电解质基本相同；细胞内外液的渗透压相等。

2. 水分在血管内外交换的动力是有效滤过压，即毛细血管内血压与细胞间液胶体渗透压之和减去细胞间液静水压和血浆胶体渗透压之和。

   水分在细胞内外交换的动力是细胞内、外液中的无机离子所产生的晶体渗透压。肝功能明显下降的病人，血浆清蛋白含量减少，血浆胶体渗透压下降，导致组织间液回流受阻，从而产生浮肿。

3. 水的生理功能主要表现为：能为机体内的物质代谢提供良好的条件并促进一系列生物化学反应的进行。此外，水本身也参与体内的一些化学反应；能调节体温；具有润滑作用；结合水能维持组织的形态与功能。

   无机盐生理功能主要表现为：维持细胞内外液的容量和渗透压；维持体液酸碱平衡；维持神经、肌肉以及心肌的应激性或兴奋性；作为酶的辅酶或激活剂及抑制剂影响酶的活性；钙、磷等化合物是骨组织的重要组成部分。

4. 体内钾总量：是影响血钾浓度的主要因素，钾总量多，血钾常升高；缺钾则常伴有低血钾。但是，当细胞外液的钾大量进入细胞内或血浆受到过分稀释时，钾总量即使正常甚至过多，也可能出现低血钾；若细胞内钾向细胞外大量释放或血浆明显浓缩，钾总量即使正常甚至缺钾，也可能出现高血钾。

   物质代谢的影响：糖原合成和蛋白质合成时需要 K^+ 参与。所以细胞内糖原合成增强和蛋白质合成增强时，钾从细胞外液进入细胞内液，可引起血浆钾浓度降低。反之，当这些物质分解时则有相当量的钾从细胞内被释放出来进入血浆，如超过肾脏排钾能力时，则可导致高血钾。

   酸碱平衡紊乱：可影响到钾在细胞内外液中的分布及肾排钾量的变化。酸中毒时可出现高血钾；碱中毒时则相反，可出现低血钾。

5. 体内酸碱平衡是通过血液缓冲系统、肺和肾脏的调节维持的。进入血液的酸性或碱性物质，首先由血液的缓冲体系，将酸碱性较强的物质转变为酸碱性较弱的物质。但是，这种缓冲作用势必引起 HCO_3^- 或 H_2CO_3 含量及其比值的变化。肺脏可通过调节呼吸的频率和深浅调节血液 H_2CO_3 含量。肾脏通过 H^+ - Na^+ 交换、NH_4^+ - Na^+ 交换、K^+ - Na^+ 交换和重吸收 $NaHCO_3$，调节体内 HCO_3^- 的绝对量和［HCO_3^-］/［H_2CO_3］比值，以实现对酸碱平衡的调节。

血液缓冲作用的特点：速度最快，但只能减少［H^+］变化的幅度，不能从根本上解决体内酸或碱偏多或偏少的问题。肺脏调节作用的特点：肺的调节略慢于血液的缓冲作用，且只能调节［H_2CO_3］，而不能调节 HCO_3^-。肾脏调节作用的特点：肾脏对酸碱平衡的调节比较缓慢，通常要在数小时后才开始发挥作用，3～5 天后才达到高峰；但肾脏对酸碱平衡的调节作用一旦发挥，其作用强大且持久，是抵抗 H^+ 浓度变化最重要也是最后一道防线。

6. 含量最多，缓冲能力最强；与肺和肾有密切联系，容易调节，$NaHCO_3$ 缓冲酸后生成的 H_2CO_3 能通过呼吸被迅速排出；H_2CO_3 缓冲碱后生成的碳酸氢根能通过肾脏进行调节，过量的碳酸氢根可由尿排出；血浆的 pH 主要取决于血浆中 HCO_3^- 和 H_2CO_3 浓度的比值。

（河北北方学院　侯丽娟）